21世纪高等学校规划教材｜电子信息

FPGA/Verilog技术基础
与工程应用实例

李勇　何勇　朱晋　孟照伟　编著

U0378232

清华大学出版社

北　京

内容简介

本书根据 FPGA/Verilog HDL 技术的应用现状,结合作者多年的教学经验总结,以理论基础联系工程设计应用,循序渐进地对 FPGA/Verilog HDL 技术基础、工程应用案例进行详尽的介绍,使得读者通过学习,能够从事相关技术的研发工作。

全书分为 8 章,主要介绍了 FPGA 技术,Verilog HDL 语法基础,Verilog HDL 设计进阶,Quartus 及 Modelsim 设计工具,FPGA 系统设计实例,时序约束分析及实例讲解,Quartus 与 Matlab 协同设计举例,SOPC 系统设计及举例。前半部分的基础知识章节列举了大量的例题,并且对易犯错的语句、语法进行对比讲解,后半部分的工程设计实例章节详细说明了操作的每一个步骤,并且配有相应的插图,最后还对设计结果进行了简要分析。

本书可作为高等院校通信工程、自动化控制工程、电子工程及其他相近专业本、专科生的教材,也可供相应的工程技术人员和科研人员参考。

图书在版编目(CIP)数据

FPGA/Verilog 技术基础与工程应用实例/李勇等编著. —北京:清华大学出版社,2016(2023.9 重印)
(21 世纪高等学校规划教材·电子信息)
ISBN 978-7-302-45354-3

Ⅰ. ①F… Ⅱ. ①李… Ⅲ. ①现场可编程门阵列-系统设计-高等学校-教材 ②VHDL 语言-程序设计-高等学校-教材 Ⅳ. ①TP331.2 ②TP312

中国版本图书馆 CIP 数据核字(2016)第 262235 号

责任编辑:付弘宇 李 晔
封面设计:傅瑞学
责任校对:时翠兰
责任印制:沈 露

出版发行:清华大学出版社
　　　　网　　　址:http://www.tup.com.cn,http://www.wqbook.com
　　　　地　　　址:北京清华大学学研大厦 A 座　　　　　　邮　　编:100084
　　　　社 总 机:010-83470000　　　　　　　　　　　　邮　　购:010-62786544
　　　　投稿与读者服务:010-62776969,c-service@tup.tsinghua.edu.cn
　　　　质量反馈:010-62772015,zhiliang@tup.tsinghua.edu.cn
　　　　课件下载:http://www.tup.com.cn,010-83470236
印 装 者:涿州市般润文化传播有限公司
经　　销:全国新华书店
开　　本:185mm×260mm　　印　张:12.75　　　　字　　数:308 千字
版　　次:2016 年 12 月第 1 版　　　　　　　　　　印　　次:2023 年 9 月第 7 次印刷
定　　价:39.00 元

产品编号:068689-02

出　版　说　明

随着我国改革开放的进一步深化,高等教育也得到了快速发展,各地高校紧密结合地方经济建设发展需要,科学运用市场调节机制,加大了使用信息科学等现代科学技术提升、改造传统学科专业的投入力度,通过教育改革合理调整和配置了教育资源,优化了传统学科专业,积极为地方经济建设输送人才,为我国经济社会的快速、健康和可持续发展以及高等教育自身的改革发展做出了巨大贡献。但是,高等教育质量还需要进一步提高以适应经济社会发展的需要,不少高校的专业设置和结构不尽合理,教师队伍整体素质亟待提高,人才培养模式、教学内容和方法需要进一步转变,学生的实践能力和创新精神亟待加强。

教育部一直十分重视高等教育质量工作。2007 年 1 月,教育部下发了《关于实施高等学校本科教学质量与教学改革工程的意见》,计划实施“高等学校本科教学质量与教学改革工程”(简称“质量工程”),通过专业结构调整、课程教材建设、实践教学改革、教学团队建设等多项内容,进一步深化高等学校教学改革,提高人才培养的能力和水平,更好地满足经济社会发展对高素质人才的需要。在贯彻和落实教育部“质量工程”的过程中,各地高校发挥师资力量强、办学经验丰富、教学资源充裕等优势,对其特色专业及特色课程(群)加以规划、整理和总结,更新教学内容、改革课程体系,建设了一大批内容新、体系新、方法新、手段新的特色课程。在此基础上,经教育部相关教学指导委员会专家的指导和建议,清华大学出版社在多个领域精选各高校的特色课程,分别规划出版系列教材,以配合“质量工程”的实施,满足各高校教学质量和教学改革的需要。

为了深入贯彻落实教育部《关于加强高等学校本科教学工作,提高教学质量的若干意见》精神,紧密配合教育部已经启动的“高等学校教学质量与教学改革工程精品课程建设工作”,在有关专家、教授的倡议和有关部门的大力支持下,我们组织并成立了“清华大学出版社教材编审委员会”(以下简称“编委会”),旨在配合教育部制定精品课程教材的出版规划,讨论并实施精品课程教材的编写与出版工作。“编委会”成员皆来自全国各类高等学校教学与科研第一线的骨干教师,其中许多教师为各校相关院、系主管教学的院长或系主任。

按照教育部的要求,“编委会”一致认为,精品课程的建设工作从开始就要坚持高标准、严要求,处于一个比较高的起点上。精品课程教材应该能够反映各高校教学改革与课程建设的需要,要有特色风格、有创新性(新体系、新内容、新手段、新思路,教材的内容体系有较高的科学创新、技术创新和理念创新的含量)、先进性(对原有的学科体系有实质性的改革和发展,顺应并符合 21 世纪教学发展的规律,代表并引领课程发展的趋势和方向)、示范性(教材所体现的课程体系具有较广泛的辐射性和示范性)和一定的前瞻性。教材由个人申报或各校推荐(通过所在高校的“编委会”成员推荐),经“编委会”认真评审,最后由清华大学出版社审定出版。

目前,针对计算机类和电子信息类相关专业成立了两个"编委会",即"清华大学出版社计算机教材编审委员会"和"清华大学出版社电子信息教材编审委员会"。推出的特色精品教材包括:

(1) 21 世纪高等学校规划教材·计算机应用——高等学校各类专业,特别是非计算机专业的计算机应用类教材。

(2) 21 世纪高等学校规划教材·计算机科学与技术——高等学校计算机相关专业的教材。

(3) 21 世纪高等学校规划教材·电子信息——高等学校电子信息相关专业的教材。

(4) 21 世纪高等学校规划教材·软件工程——高等学校软件工程相关专业的教材。

(5) 21 世纪高等学校规划教材·信息管理与信息系统。

(6) 21 世纪高等学校规划教材·财经管理与应用。

(7) 21 世纪高等学校规划教材·电子商务。

(8) 21 世纪高等学校规划教材·物联网。

清华大学出版社经过三十多年的努力,在教材尤其是计算机和电子信息类专业教材出版方面树立了权威品牌,为我国的高等教育事业做出了重要贡献。清华版教材形成了技术准确、内容严谨的独特风格,这种风格将延续并反映在特色精品教材的建设中。

清华大学出版社教材编审委员会
联系人:魏江江
E-mail:weijj@tup. tsinghua. edu. cn

前　言

　　电子技术的发展日新月异,从早期的基于晶体管和中小规模集成电路的设计转变为如今的以大规模集成电路为核心的 SOC 设计;从以硬件为主的简单电路设计转变为以 EDA 软件编程技术为主的复杂系统设计。数字电子技术的设计更是如此,从早期的以 51 单片机为主、基于汇编语言编程的设计,转变为如今以 ARM、DSP、FPGA 为核心,基于高级软硬件语言编程的电路设计,这些转变不过短短一二十年。

　　早期的电子设计中,FPGA 由于其并行执行的能力强,因此一般用在高速信息处理的场合,例如图像、视频数据采集与处理。随着 FPGA 集成度的提高、大量软核的开发,FPGA 体现出越来越多的灵活性,使用的场合也越来越广。以前,以 ARM 为控制核心,DSP 做信号处理,FPGA 做高速采集的设计思路,现在可用软核的形式全部集成在一块 FPGA 芯片中,使得硬件系统的集成化程度变得越来越高。基于上述优势,FPGA 的应用领域也变得越来越宽,智能汽车、工业控制、军事航空、消费电子、信息通信等领域对 FPGA 的依赖程度变得越来越高。

　　FPGA 的设计主要以基于硬件描述语言的 EDA 设计方法为主,在复杂的系统中,也可以采用构建嵌入式处理器加外围接口电路的 SOPC 等设计方法。本书的编写主要以 FPGA 的硬件描述语言为核心,并通过大量实例介绍综合系统的设计方法。

　　全书共分为 8 章,主要内容如下:

　　第 1 章主要介绍 FPGA 的开发方法和工具,以及该技术的发展趋势。

　　第 2 章主要介绍 Verilog HDL 的基础语法结构和相应的设计实例。

　　第 3 章主要介绍 Quartus Ⅱ 及 Modelsim 设计工具的使用方法。

　　第 4 章主要介绍 Verilog HDL 如何应用在组合逻辑电路和时序逻辑电路设计中,同时介绍了状态机的设计。

　　第 5 章主要介绍基于 Verilog HDL 的设计实例,包含按键接口、LCD 控制、A/D 采集等常用模块的 FPGA 实现。

　　第 6 章主要介绍时序约束的意义及方法,并通过实例进行详细说明。

　　第 7 章主要介绍 Quartus 与 Matlab 协同设计方法,并通过 4 个实例进行详细说明。

　　第 8 章主要介绍 SOPC 的基本概念,并通过实例介绍 SOPC 的设计流程。

　　通过本书的学习,读者将能够独立地运用 Verilog HDL 硬件描述语言及相关 EDA 软件实现 FPGA 的系统设计。

　　本书由成都理工大学工程技术学院的李勇、何勇、朱晋、孟照伟 4 位教师共同编写完成。其中李勇老师主要负责全书的筹划、统稿等工作,并负责编写本书的第 1、6、7 章;何勇老师负责编写本书的第 3、5、8 章;朱晋老师主要编写本书的第 2 章;孟照伟老师主要编写本书的第 4 章。

　　在本书的编写过程中,成都理工大学工程技术学院电子信息与计算机工程系的系主任柳建博士和其他同仁给予了大力支持,在此表示感谢。另外,编者还引用了其他相关文献和网络资源,在此对其相应的学者和作者表示衷心的感谢!

　　由于编者水平有限,书中不妥之处在所难免,请广大读者批评指正,我们将作进一步完善。

编　者

2016 年 3 月

目 录

第1章

FPGA技术

1.1 认识 FPGA

1. 基本概念

FPGA 是 Field Programmable Gate Array 的缩写,即现场可编程门阵列,它是在 PAL、GAL、CPLD 等可编程器件的基础上进一步发展的产物。它是作为专用集成电路(ASIC)领域中的一种半定制电路而出现的,既解决了定制电路的不足,又克服了原有可编程器件门电路数量有限的缺点。图 1.1 是 Altera 公司生产的一款 FPGA 芯片外观图。

2. FPGA 的组成

FPGA 主要由 6 部分组成,分别为可编程输入/输出单元、基本可编程逻辑单元、嵌入式块 RAM、丰富的布线资源、底层嵌入功能单元和内嵌专用硬核等。每个单元简介如下:

图 1.1 FPGA 芯片外观图

1) 可编程输入/输出单元(I/O 单元)

目前大多数 FPGA 的 I/O 单元被设计为可编程模式,即通过软件的灵活配置,可适应不同的电器标准与 I/O 物理特性;可以调整匹配阻抗特性,上下拉电阻;可以调整输出驱动电流的大小等。

2) 基本可编程逻辑单元

FPGA 的基本可编程逻辑单元是由查找表(LUT)和寄存器(Register)组成的,查找表完成纯组合逻辑功能。FPGA 内部寄存器可配置为带同步/异步复位和置位、时钟使能的触发器,也可以配置成为锁存器。FPGA 一般依赖寄存器完成同步时序逻辑设计。一般来说,比较经典的基本可编程单元的配置是一个寄存器加一个查找表,但不同厂商的寄存器和查找表的内部结构有一定的差异,而且寄存器和查找表的组合模式也不同。

3) 嵌入式块 RAM

目前大多数 FPGA 都有内嵌的块 RAM。嵌入式块 RAM 可以配置为单端口 RAM、双端口 RAM、伪双端口 RAM、CAM、FIFO 等存储结构。除了块 RAM,Xilinx 和 Lattice 的

FPGA 还可以灵活地将 LUT 配置成 RAM、ROM、FIFO 等存储结构。

简单地说，RAM 是一种写地址、读数据的存储单元；而另外一种 CAM 与 RAM 恰恰相反，CAM 即内容地址存储器，写入 CAM 的数据会和其内部存储的每一个数据进行比较，并返回与端口数据相同的所有内部数据的地址。

4）丰富的布线资源

布线资源连通 FPGA 内部所有单元，连线的长度和工艺决定着信号在连线上的驱动能力和传输速度。布线资源的划分如下：

（1）全局性的专用布线资源——以完成器件内部的全局时钟和全局复位/置位的布线。

（2）长线资源——用以完成器件 Bank 间的一些高速信号和一些第二全局时钟信号的布线（第二全局时钟是长度、驱动能力仅次于全局时钟的一种时钟资源）。

（3）短线资源——用来完成基本逻辑单元间的逻辑互连与布线。

（4）其他——在逻辑单元内部还有着各种布线资源和专用时钟、复位等控制信号线。

由于在设计过程中，往往由布局布线器自动根据输入的逻辑网表的拓扑结构和约束条件选择可用的布线资源连通所用的底层单元模块，所以常常忽略布线资源。其实布线资源的优化与使用和实现结果有直接关系。

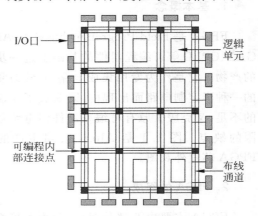

图 1.2　FPGA 内部结构图

5）底层嵌入功能单元

具体嵌入的功能单元要看是哪个具体厂商的哪种型号的芯片，也就是没有固定说法。

6）内嵌专用硬核

与"底层嵌入单元"是有区别的，这里指的硬核主要是那些通用性相对较弱，不是所有 FPGA 器件都包含的硬核。

一个简单的 FPGA 内部结构图如图 1.2 所示。

1.2　学习 FPGA 的意义

既然我们学习了 51 系列单片机、ARM，甚至于 DSP，为什么还要学习 FPGA 呢？首先，我们要认识到在这种 CPU 架构体系的设计中，大部分应用工程师是在相对固定的硬件系统上从事开发，也就是硬件 CPU 这一半是不可编程的，另一半灵活可编程的是软件，因此很自然就会联想到：如果两个部分都是可编程的，那会是怎样一种情况呢？很好，现在有一种器件来了，这就是 FPGA，它代表的就是硬件的编程。这两部分都可编程的一个结合点，就是 FPGA 上的软核，在 Altera 提供的 SOPC 开发环境就是如此，你可以像以往一样在生成硬件架构以后进行软件开发。尤其是它可以随心所欲地定制外设，外设不再固定，更进一步，它还支持增加自定义指令，从而改变 CPU。在软件上可以用 C2H 把原来属于软件运行的指令变换成 RTL 逻辑来完成，极大地提高了效率。

其次，选择 FPGA 的一个直接原因是它的并行和灵活，尤其是它的可重构性，特别是局部单元电路可重构的 FPGA，更能够做到像人类大脑中的信息处理机制一样，也就是信息处理的过程中根据需要能够改变物理联系通道,即底层硬件电路,同时也能带来体系结构上和实现算法上的革命性创新。这样的 FPGA 和相应的算法会在体系结构上取胜,能够在不远的将来构建软硬件更加协调的应用方案。这种类型的 FPGA 器件(或以其他名字命名的器件)必然会出现。

最后,谈谈数字信号处理应用这个领域。在现代数字信号处理中,以往很多时候我们选择的都是带数字信号处理优化指令的 CPU,像 TI 和 ADI 公司就拥有很多 DSP 芯片,在这些 DSP 芯片上实现算法处理,一般用 C 描述算法(关键处理用汇编语言),编译以后以机器指令的方式在 DSP 芯片上运行,在一个芯片上这样的 DSP 处理单元是不多的,需要软件做不断重复的迭代运算,从而高效利用这些 DSP 指令单元,重复的指令执行过程影响了 DSP 处理能力的提升,而现在 FPGA 以其并行性和高 DSP 处理性能进入到信号处理领域,在高端 DSP 处理领域中,FPGA 的并行优势得到很好的体现,特别是 FPGA 在逻辑、DSP 处理块、片上 RAM 规模越来越大的情况下,这个优势会更多地展现出来。

1.3　FPGA 器件选型

1. FPGA 芯片命名规则

以 ALTERA 的产品型号为例进行说明,其命名格式如图 1.3 所示。

图 1.3 中的芯片命名格式包含 7 个部分。一是前缀:EP 典型器件;EPC 组成的 EPROM 器件;EPF(FLEX 10K 或 FLFX 6000 系列、FLFX 8000 系列);EPM(MAX5000 系列、MAX7000 系列、MAX9000 系列);EPX(快闪逻辑器件)。二是器件型号。三是 LE 数量:XX(K)。四是封装形式:F 是 FBGA 封装,D 是陶瓷双列直插;Q 是塑料四面引线扁平封装;P 是塑料双列直插,R 是功率四面引线扁平封装;S 是塑料微型封装;T 是薄型 J 形引线芯片载体;五是管脚数。六是温度范围:C 代表 0~70℃;I 代表−40℃~85℃;M 代表−55℃~125℃。七是速度等级,数字越小速度越快。

$$\begin{array}{ccccccc} \text{XXX} & \text{XX} & \text{XX} & \text{X} & \text{XX} & \text{X} & \text{X} \\ 1 & 2 & 3 & 4 & 5 & 6 & 7 \end{array}$$

图 1.3　芯片命名格式

下面以 EP2C35F672C6N 为例做一个说明:

EP——工艺类型;

2C——cyclone2(S 代表 stratix,A 代表 arria);

35——逻辑单元数,35 表示约有 35K 的逻辑单元;

F——表示 FBGA 封装类型;

672——表示管脚数量;

C——工作温度,C 表示可以工作在 0~85℃;

6——速度等级,6 代表 500MHz(7 代表 430MHz,8 代表 400MHz);

N——后缀,N 表示无铅,ES 表示工程样片。

2. 获取芯片资料

要做芯片的选型,首先就是要对有可能面对的芯片有整体的了解,也就是说,要尽可能多地先获取芯片的资料。现在 FPGA 主要有 4 个生产厂家:ALTERA、XILINX、

LATTICE 和 ACTEL。获取资料最便捷的途径就是这些生产厂家的官方网站（http://www.altera.com.cn/、http://china.xilinx.com/、http://www.lattice.com/和http://www.actel.com/intl/china/）。一般情况下，官方网站都会按照产品系列或应用场合列出所有的产品，直观地告诉你某个系列产品的应用场合。例如在 ALTERA 的网站，就会明确标明它的三大类 FPGA 产品：高端的 Stratix 系列、中端的 Arria 系列和低成本的 Cyclone 系列。

3. FPGA 厂家的选择

生产 FPGA 厂家主要有 ALTERA、XILINX、LATTICE 和 ACTEL。每个厂家的产品都有各自的特色和适用领域。选择厂家是一个相对比较复杂的过程，要综合考虑下面几个因素：

（1）满足项目特殊的需求。例如你要选择 4mm×4mm 封装的小体积同时又不需要配置芯片的 FPGA，那么可能 ACTEL 就是你唯一的选择。如果需要一个带 ADC 的 FPGA 芯片，那么可能只能选择 XILINX 和 ACTEL 的某些带 ADC 的 FPGA。

（2）供货，好的供货渠道对于产品的量产会有比较好的保证，如果没有特殊渠道，还是选择那些比较好买并且广泛使用的型号。

（3）看价格，低价格会有效地提高产品的竞争力，是技术人员对所有符合要求的厂家产品的熟悉程度。使用最熟悉的产品，可以有效地减小开发的难度，缩短开发时间，加快产品上市时间。

（4）该芯片的成熟度，是不是有较好的开发软件平台，是不是有较好的技术支持，是不是有大批量的应用，是否可以比较容易地获取到资源等。

4. 芯片系列的选择

每个 FPGA 的生产厂家都有多个系列的产品，以此满足不同应用场合对性能和价格的不同需求。例如对于 Altera 公司的 FPGA 产品，主要分为三个系列，分别是高端的 Stratix、中端的 Arria 和低端的 Cyclone。

每一个系列的 FPGA 芯片，可能又分为好几代产品，例如 Altera 的 Cyclone 系列，到现在已经发展了 Cyclone、Cyclone Ⅱ、Cyclone Ⅲ 和 Cyclone Ⅳ 四代产品。这种产品的升级换代很大程度上都是由于半导体工艺的升级换代引起的。随着半导体工艺的升级换代，FPGA 芯片也在升级换代的过程中，提供了更强大的功能、更低的功耗和更好的性价比。那么在确定一个系列的 FPGA 后，选择哪一代产品则又成为一个问题。在价格和供货都没有问题的情况下，选择越新的产品越好。一定不能选择厂家已经或者即将停产的芯片。任何产品都是有生命周期的，目标就是尽量保证在产品的生命周期里，所用到的芯片的生命周期还没有结束。在产品初期规划时做芯片选型，要尽可能选用厂家刚量产或者量产不久的产品，在有确切的供货渠道的情况下，甚至可以选择厂家即将量产的芯片。

在 Cyclone Ⅲ 这个系列的 FPGA 中，又分为两个不同的子系列：普通的 Cyclone Ⅲ 和 Cyclone Ⅲ LS。在每个子系列里，根据片内资源的不同又分为更多的型号，例如普通的 Cyclone Ⅲ 子系列，就包含了 EP3C5、EP3C10、EP3C16、EP3C25、EP3C40、EP3C55、EP3C80 和 EP3C120 共 8 种型号的芯片。每个型号的芯片又根据通用 I/O 口数量和封装区分出不同的芯片。例如，EP3C5 的芯片又有 EP3C5E144、EP3C5M164、EP3C5F256 和 EP3C5U256 这 4 种不同的芯片。而每一种芯片，又有不同的速度等级，例如 EP3C5E144 就有 C7、C8、I7

和 A7 这 4 个速度等级。

表 1.1 从不同的角度列出了普通 Cyclone Ⅲ 系列的 FPGA 参数,这些表格都源自于 Cyclone Ⅲ 芯片的官方文档。

表 1.1 芯片的片内资源

	Cyclone Ⅲ 系列 FPGA 的最大资源数目					
	EP3C5	EP3C10	EP3C16	EP3C25	EP3C40	EP3C55
逻辑单元(K)	5	10	15	25	40	56
M9K 存储块	46	46	56	66	126	260
嵌入式存储块	414	414	504	594	1134	2340
18×18 乘法器	23	23	56	66	126	156
全局时钟网络	10	10	20	20	20	20
锁相环	2	2	4	4	4	4
配置文件大小(MB)	2.8	2.8	3.9	5.5	9.1	14.2
设计安全性	安全					
支持的 I/O 口电压(V)	1.2 1.5 1.8 2.5 3.3					
支持的 I/O 口标准	LVDS,LVPECL,Differential SSTL-18,Differential SSTL-2,Differential HSTL, SSTL-2(Ⅰ and Ⅱ),1.5-V HSTL(Ⅰ and Ⅱ),1.8-V HSTL(Ⅰ and Ⅱ),PCI,PCI-X1					
低压差分模拟通道	66	66	136	79	223	159
片上终端电阻	串行;差分					
支持的存储设备	QDR Ⅱ,DDR2,DDR,SDR					

总之,在选择具体的芯片型号以及封装的时候,要根据这几个方面做综合的考量:片上资源、封装和速度等级。

1.4 FPGA 的开发方法及工具

FPGA 设计采用的常用方法是自上而下(Top-Down)的设计方法。自上而下是指将数字系统的整体逐步分解为各个子系统和模块,若子系统规模较大,则还需将子系统进一步分解为更小的子系统和模块,层层分解,直至整个系统中各个子系统关系合理,并便于逻辑电路级的设计和实现为止。

自上而下设计中可逐层描述,逐层仿真,保证满足系统指标,其设计思想如图 1.4 所示。

还有一种新兴的协同设计方法,也就是联合其他第三方工具进行系统设计,目前 Mathworks 公司的 MatLab 开发工具就是一个很好的选择,它拥有算法仿真到 RTL COREGENERATE,使得 FPGA 的 DSP 应用开发流程得以完整的实现,各个 FPGA 厂商也提供了各自的 Matlab simulink 下的工具套件,例如 Altera 的 DSP Builder、Xilinx 的 core generate 和 Xilinx AccelDSP,这些软件完成了算法描述到硬件状态逻辑处理机的转换。这种开发

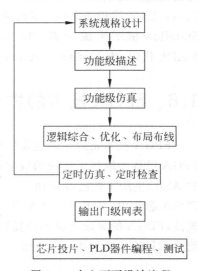

图 1.4 自上而下设计流程

方式现在还处于初始阶段,软件工具、开发习惯等都需要我们有一个学习积累的过程。

目前主要的 FPGA 厂商 Altera、Xilinx、Lattice 都提供了各自的 FPGA 开发工具,分别是 Altera 的 Quartus Ⅱ、Xilinx 的 ISE、Lattice 的 ispLever。我们可以选择先熟悉一家公司的开发环境(或者根据开发板的具体芯片选择厂商环境),以后根据器件选择的需要,再去熟悉其他的环境,这样学习周期就可以缩短。通用的步骤是:建立项目,设计输入(代码或原理图),功能仿真,管脚锁定和相关时钟约束,综合,功能仿真,影射、布局、布线,时序仿真等。这个过程需要一段时间去熟悉。

如果是由单片机系统转过来学习软核系统的开发,也需要掌握这些工具,同时掌握厂商提供的系统集成工具和软件开发工具,Altera 提供的集成环境是 SOPC Builder,软件开发环境是 NIOS Ⅱ IDEo,Xilinx 提供的集成环境是 Xilinx Platform Studio,软件开发环境是 Xilinx Platform Studio SDK。

1.5　FPGA 的三种应用类型

目前,在 FPGA 上有三种类型开发方法和应用方向:逻辑类应用、软核类应用和 DSP 类应用。

逻辑类应用我们接触的最早,也是 FPGA 最初的应用领域,在大的应用上,一些数字 IC 设计可以在 FPGA 做前期的功能验证,在通信领域,FPGA 做信号的编解码等;在小的应用上,做的最多的实际是 CPLD,完成信号的变换控制等。

软核应用是前几年才兴起的,现在是热门的开发应用方法,在原本需要 FPGA 结合 CPU 的地方有成本和灵活性优势。

FPGA 的 DSP 应用是非常有潜力的,性能优势非常明显。开发方法是用 Matlab 的 simulink 中嵌入厂商的开发工具包,算法验证在 Matlab simulink 工具下完成,在开发工具包的支持下生成 HDL 模块或者直接生成 FPGA 下载配置文件,这个方向是 FPGA 应用最有挑战能力的领域。Mathworks 公司不久前也推出了独立于 FPGA 厂商的 Simulink HDL Coder 工具,使得 Matlab 在数字系统设计领域迈出了坚实的一步,把 Simulink 模型和 Stateflow 框图生成位真(Bit-True)、周期精确(Cycle-Accurate)、可综合的 Verilog 和 VHDL 代码,为 Matlab simulink 用户提供了通往 FPGA 设计实现的直接通道。

1.6　FPGA 技术的发展趋势

FPGA 技术正处于高速发展时期,新型芯片的规模越来越大,成本也越来越低,低端的 FPGA 已逐步取代了传统的数字元件,高端的 FPGA 不断在争夺 ASIC 的市场份额。先进的 ASIC 生产工艺已经被用于 FPGA 的生产,越来越丰富的处理器内核被嵌入到高端的 FPGA 芯片中,基于 FPGA 的开发成为一项系统级设计工程。随着半导体制造工艺的不断提高,FPGA 的集成度将不断提高,制造成本将不断降低,其作为替代 ASIC 来实现电子系统的前景将日趋光明。其发展趋势总结为以下几点。

1．大容量、低电压、低功耗 FPGA

大容量 FPGA 是市场发展的焦点。FPGA 产业中的两大霸主：Altera 和 Xilinx 在超大容量 FPGA 上展开了激烈的竞争。2007 年 Altera 推出了 65nm 工艺的 Stratix Ⅲ 系列芯片，其容量为 67 200 个 LE (Logic Element，逻辑单元)，Xilinx 推出的 65nm 工艺的 Virtex Ⅵ 系列芯片，其容量为 33 792 个 Slices(一个 Slices 约等于 2 个 LE)。采用深亚微米(DSM)的半导体工艺后，器件在性能提高的同时，价格也在逐步降低。由于便携式应用产品的发展，对 FPGA 的低电压、低功耗的要求日益迫切。因此，无论哪个厂家、哪种类型的产品，都在瞄准这个方向而努力。

2．系统级高密度 FPGA

随着生产规模的扩大，产品应用成本的下降，FPGA 的应用已经不是过去的仅仅适用于系统接口部件的现场集成，而是将它灵活地应用于系统级(包括其核心功能芯片)设计之中。在这样的背景下，国际上主要以 FPGA 厂家在系统级高密度 FPGA 的技术发展上，主要强调了两个方面：FPGA 的 IP(Intellectual Property，知识产权)硬核和 IP 软核。当前具有 IP 内核的系统级 FPGA 的开发主要体现在两个方面：一方面是 FPGA 厂商将 IP 硬核(指完成版图设计的功能单元模块)嵌入到 FPGA 器件中；另一方面是大力扩充优化的 IP 软核(指利用 HDL 语言设计并经过综合验证的功能单元模块)，用户可以直接利用这些预定义的、经过测试和验证的 IP 核资源，有效地完成复杂的片上系统设计。

3．FPGA 和 ASIC 出现相互融合

虽然标准逻辑 ASIC 芯片尺寸小、功能强、功耗低，但其设计复杂，并且有批量要求。FPGA 价格较低廉，能在现场进行编程，但它们体积大、能力有限，而且功耗比 ASIC 大。正因如此，FPGA 和 ASIC 正在互相融合，取长补短。随着一些 ASIC 制造商提供具有可编程逻辑的标准单元，FPGA 制造商重新对标准逻辑单元发生了兴趣。

4．动态可重构 FPGA

动态可重构 FPGA 是指在一定条件下，芯片不仅具有在系统重新配置电路功能的特性，而且还具有在系统动态重构电路逻辑的能力。对于数字时序逻辑系统，动态可重构 FPGA 的意义在于其时序逻辑的发生不是通过调用芯片内不同区域、不同逻辑资源来组合而成，而是通过对 FPGA 进行局部的或全局的芯片逻辑进行动态重构而实现的。动态可重构 FPGA 在器件编程结构上具有专门的特征，其内部逻辑块和内部连线的改变，可以通过读取不同的 SRAM 中的数据来直接实现这样的逻辑重构，时间往往在纳秒级，这有助于实现 FPGA 系统逻辑功能的动态重构。

1.7　FPGA 与 CPLD 的特点比较

CPLD(Complex Programmable Logic Device)被称为复杂可编程逻辑器件，它与 FPGA 一样都是半定制电路，具有开发周期短、支持重复编程等优点。它与 FPGA 主要的不同之

处在于：它是非易失型存储器件，即掉电后仍能保存内部的配置信息，并且它的逻辑单元比FPGA 的基本单元大，更适合做控制器；而且主要是利用它的非易失性的特点来存储控制代码，并进行逻辑控制命令传递与各个器件之间的数据传递，但是相对来讲，它不适合做时序控制电路，应用最广泛的还是在组合逻辑电路方面。

随着微电子技术的不断发展，FPGA 与 CPLD 在逻辑门的数量与性能上会不断提升，这使得它们可以完成更加复杂的任务。系统设计师们在设计芯片时，都希望尽可能快地得到反馈信息，最好是能够立即使用并测试。因为对设计人员来说，时间是最宝贵的资源，随着 FPGA 与 CPLD 的迅猛发展，它们为设计人员带来了很多便利，而且必将成为芯片设计中更加得力的验证工具。并且 FPGA 配置文件存入存储介质如 Flash 上面，可以实现对其上电后自动加载，每次上电后自动获取配置文件并具有特点的电路功能，这使得 FPGA 与 CPLD 具有更加灵活和广阔的应用空间。

由于 FPGA 与 CPLD 可以反复编程，所以 FPGA 与 CPLD 作为开发和调试阶段的试制品，能快速得到实践。再加上配合 SignalTap 对于波形的捕捉，便于调试人员对 BUG 快速地定位，所以广泛应用于开发和调试阶段。而且电路设计周期短，并且其配套的软件功能也十分丰富，包括各种仿真验证以及版图设计工具，涵盖了整个 IC 流程，通过反复调试来更正错误和优化性能，则大大加快了产品的制作速度，并最终可以映射到芯片中。所以对于这种特殊的 ASIC 芯片，大大节省了调试成本与开发时间，并且得到了广泛的应用。

FPGA 与 CPLD 虽然结构类似，但是各自有其特点。FPGA 内部的单元小，采用查找表结构；而 CPLD 内部单元较多的是采用 PAL 结构，而且其变量多。FPGA 的逻辑门数为几十万到几百万门，而 CPLD 只有几千到几万门。FPGA 与 CPLD 在结构上的不同决定了它们应用的场景和特点有所不同：

第一，由于 FPGA 的逻辑相对简单而触发器多，所以比较偏向于传递数据的系统。而 CPLD 功能单元逻辑复杂，支持多输入变量，所以较偏向于控制型系统，作为复杂的系统控制单元。

第二，由于 CPLD 单元结构强大，所以它的延时可以预先计算，因为它在内部即可实现一般的逻辑，总体的延时就是其内部单元的延时加上连线上的延时。

第三，CPLD 采用 EEPROM 或 Flash 技术，使它成为非易失性可编程逻辑器件，而 FPGA 采用 RAM 查找表的形式，掉电后数据丢失。

第四，FPGA 连接单元比较多，所以它的编辑灵活性高，虽然 CPLD 的编辑灵活性不如 FPGA，但是它的内部结构要复杂得多。CPLD 的速度比 FPGA 快，保密性好，但是它的集成度不如 FPGA，而且功耗也比 FPGA 大。

1.8　FPGA 的 JTAG 加载

1. 加载模式

FPGA 的加载方式（或者说是配置方式）上以 Cyclone Ⅱ芯片系列为例来说。Cyclone Ⅱ配置方式有 PS、AS、JTAG 三种，最常用的为 JTAG 配置模式，AS（主动配置模式）与 PS（被动配置模式）的时序相似，AS 模式需要使用器件自己给出的时钟，PS 模式是被动的，需要外加时钟。后缀为.pof 文件可以通过 AS 方式下载,后缀为.sof 文件或者.jic 文件可以通过 JTAG 方式下载。在 PS 模式下则是最原始的.rbf 文件。

最初的 JTAG 协议只是用来辅助专门的硬件 PCB 进行检测的,但是 JTAG 协议却成为了目前应用最广泛的下载和仿真协议。JTAG 测试协议是 Joint Test Action Group(联合测试行动组)的缩写,是一种国际标准质检部门的仿真协议,它遵守 IEEE 1149.1 标准。

2. FPGA 的 JTAG 控制器电路

JTAG 控制器的电路结构如图 1.5 所示,在 JTAG 配置过程中,可以使用 USB-Blaster、Master、ByteBlaster Ⅱ 或者 ByteBlaster MV 下载工具将数据下载到器件中。

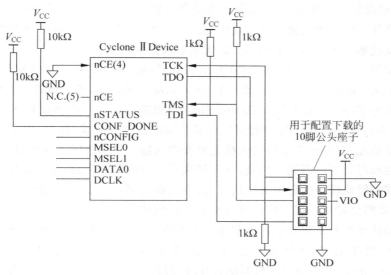

图 1.5　JTAG 控制器的电路结构

在 JTAG 正常传输的情况下,JTAG 可以将配置数据采用移位的方法把配置数据传入器件。用 EDA 软件(如 Quartus Ⅱ)可以产生其所需要的配置文件,并使用 JTAG 方式可以将其下载到 FPGA 的配置芯片。JTAG 方式的优先级高于其他配置方式,如果有 AS 或者 PS 模式配置正在进行,则启动 JTAG 方式进行加载,其他方式立即停止。在图 1.5 中,在 JTAG 模式下的具体连接方式是:TCK 下拉,TDI 和 TMS 上拉。所有的用户 I/O 管脚在配置过程中都处于高阻状态。JTAG 模式下只用到 4 个管脚:TDI、TDO、TMS 和 TCK,其管脚含义定义如下:

- TCK——JTAG 模式下的时钟信号,用于采样数据和实现 TAP 状态机状态的转移。
- TMS——在 JTAG 模式下主要配合 TCK 时钟完成 TAP 状态机状态的转移以及执行相应的命令。TCK 上升沿采样 TMS 的高低电平从而决定 TAP 的状态跳转和操作的执行。
- TDI——串行边界扫描输入数据,通过 TDI 可以将数据串行输入到特定的寄存器中,由 TMS 和 TCK 联合控制。
- TDO——串行边界扫描输出数据,将特定的寄存器中的数据通过 TDO 串行输出,在 TAP 状态机中由 TMS 和 TCK 共同控制。

1.9　FPGA 的边界扫描测试

1. 边界扫描测试的意义和思想

随着纳米数量级制造工艺的使用和大规模集成电路的发展,集成电路的集成度也随之增加,同时其封装管壳尺寸也变得越来越小。这些改变为电路设计带来了很多便利,如其功耗的降低、面积的减小等;同时,它也带来了一些困扰,例如,由于功能模块或芯片内部节点变得无法探测,使得电路调试工作存在一定的困难;由于芯片或器件的封装减小,管脚密度增大,从而大幅度提高了单位 PCB 电路板上的器件密度,增加了互连测试的难度,降低了芯片互连的可靠性。由于传统测试技术面临的测试困难的增多,我们急切地需要一种新的测试理念和测试技术来解决传统的测试方法无法解决的问题。

边界扫描测试技术由 JETAG(Joint European Test Action Group)率先提出,并于 1990 年正式成为 IEEE 标准,被命名为 IEEE 1149.1 标准;同时,由于全球众多厂商的加入,这项规范又被称为 JTAG(Joint Test Action Group)规范。边界扫描测试技术是通过边界扫描单元(Boundary Scan Cell,BSC)对器件和其外围电路进行测试,其中,边界扫描单元 BSC 是一个寄存器单元,它存在于器件的内核逻辑和输入输出管脚之间。这样,边界扫描技术使器件的可控性和可观测性得到了提高,从而解决了当前的测试难题,使得由现代器件组装的电路板的测试能够比较方便地完成。所以,边界扫描技术一经提出就受到电子行业的关注并广为接受,目前已得到了很多应用并将有更为广阔的应用前景。

边界扫描技术的基本思想是:在靠近芯片的输入输出管脚上增加一个移位寄存器单元。这些寄存器单元均匀分布在芯片的边界上,我们称之为边界扫描寄存器单元(Boundary-Scan Register Cell)。在调试芯片时,边界扫描寄存器把外围的输入输出与芯片隔离开来。这样,我们能够通过边界扫描寄存器来"捕获"与之相连的芯片的输入输出管脚的信号,进而实现对芯片输入输出信号的观察和控制。另外,我们可以将边界扫描寄存器单元连接起来,从而形成一条边界扫描链(Boundary-Scan Chain)来实现测试功能。在芯片处于调试状态时,我们可以通过边界扫描链串行地输入输出信号,同时结合相应的控制信号和时钟信号,进而实现对芯片的观察和控制。

2. 边界扫描的测试类型、测试方法及工作方式

边界扫描技术(JTAG)为数字电路提供了标准化的向量采集和加载的方法。我们可以利用 JTAG 来实现如下测试:器件和电路板的静态测试、器件的自测试和器件间的互连性测试以及 PCB 板边界扫描链的完整性测试。边界扫描的完整性测试主要是检验边界扫描链路的完整性和其测试总线信号是否正常。测试的内容包括以下几个方面:

(1) 确定 TDI、TCK、TDO、TMS 等信号是否正常;

(2) 判断电路中的器件是否为所需的器件;

(3) 检测指令寄存器以及各种数据寄存器的工作状态。

边界扫描的完整性测试有以下两种方法:

(1) 把器件边界扫描描述文件中的信息与读取的器件复位后的器件标识寄存器和指令

寄存器中的信息进行比对,进而判断边界扫描链的安装是否正确;

（2）在移位数据寄存器状态下,通过比对其输入数据和输出数据,检测数据寄存器的工作是否正常。边界扫描包括以下四种工作方式:采样测试方式、内部测试方式、外部测试方式和正常工作方式。

- 采样测试方式:通过边界扫描寄存器实时地监控电路板上器件的输入与输出信号。
- 内部测试方式:用于检测芯片内部的逻辑功能是否正确。此测试方式下,由 TDI 输入的测试向量通过边界扫描电路加载到芯片的输入管脚寄存器中,然后,由 TDO 输出器件的响应向量。通过分析响应向量,从而判断器件的内部工作状态和工作逻辑是否正确。
- 外部测试方式:检测位于电路板上的各器件之间连线是否正确。测试向量由第一个器件的 TDI 输入到每个器件的输入管脚寄存器中,在器件的输出管脚寄存器接收向量。通过分析响应向量,检测电路板是否存在故障。
- 正常工作方式:此方式下,整个系统处于正常工作状态,边界扫描结构不影响其正常工作。

3. 测试逻辑结构和设计

基本的测试逻辑结构如图 1.6 所示,它包括:

（1）TAP 接口管脚;

（2）一组测试数据寄存器 DR(test-Data Register),其中包括多个测试数据寄存器,用于收集来自芯片的数据;

（3）一个指令寄存器 IR(Instruction Register),用于声明要运行的测试类型;

（4）一个 TAP 控制器,控制通过指令寄存器和测试数据寄存器的扫描位。TAP 控制器是一个用于配置系统的小型有限状态机。在一种模式下,TAP 控制器将一条指令扫描输入指令寄存器,用于说明边界扫描采用的测试方式。而在另一种模式下,将数据扫描输入到测试数据寄存器。

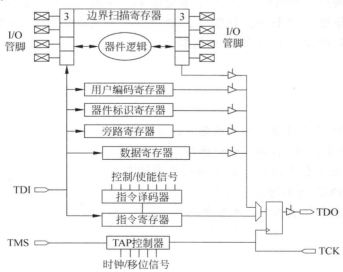

图 1.6　测试逻辑结构

边界扫描规范要求至少存在两个测试数据寄存器：边界扫描寄存器和旁路寄存器。边界扫描寄存器连接在芯片上所有的输入和输出上，因此边界扫描可以控制和观察芯片的 I/O 管脚。旁路寄存器由一个触发器组成，当电路板上只需要测试一个芯片时，使用旁路寄存器来避免将数据移位输入到不需要测试的芯片的测试数据寄存器中，从而加快测试速度。内部扫描链和配置寄存器可认为是在边界扫描控制下的可选的附加数据寄存器。

4．FPGA 边界扫描的仿真验证

完整的 FPGA 边界扫描测试流程如下：

（1）完整连接电路，在 FPGA 上引出 TCK 时钟、TDI 测试数据输入、TMS 测试方式选择端口，并引出 TDO 测试数据输出端口。

（2）选择配置模式，将配置文件中的 Bit 流数据写入 FPGA 内的 SRAM 中。

（3）通过 TMS 的时序和状态转移选择，使 JTAG 进入 SAMPLE 指令模式，验证边界扫描链的完整。

（4）根据输入端口数量，构建满足紧凑性和完备性的输入测试数据矩阵，并通过 TMS 选择 JTAG 进入 EXTEST 指令模式，过程大致和测试逻辑结构相同，不同的是 SHIFT-IR 下 TDI 输入指令为 00000，SHIFT-DR 下 TDI 输入测试数据为用户构建的测试数据矩阵，以甄别板级故障。

（5）通过 TMS 选择 JTAG 进入 INTEST 模式，过程大致和测试逻辑结构相同，不同的是 SHIFT-IR 下 TDI 输入为 00111，SHIFT-DR 下 TDI 输入为随机测试数据，观测 TDO 端口捕捉到的各输入输出端口数据，并比对 FPGA 正确功能下的理论值，验证单个 FPGA 功能实现的正确与否。

（6）此外还可以通过 BYPASS 旁路某一 FPGA，也可通过 IDCODE 查看器件型号，通过 USECODE 查看用户编码。

需要指出的是，测试时钟信号 TCK 的频率应有一个范围，其上限应满足每一次测试从测试向量生成到响应压缩的时间要求，下限应使 JTAG 测试过程能在可容忍的时间内完成。在非加权的情形下，测试向量长度等于 (2^n-1)，n 是被测电路输入个数，测试时间约等于 $(2^n-1) \times$ TCK，即 (2^n-1) 个 TCK 的周期。

习题

1-1　叙述 FPGA 的主要 6 个组成部分。

1-2　试述如何对 FPGA 芯片进行选型。

1-3　解释什么是自上而下（Top-Down）的设计方法。

1-4　阐述 FPGA 技术的发展趋势。

1-5　阐述边界扫描技术的基本思想。

第2章 Verilog HDL语法基础

2.1 Verilog HDL 简介

Verilog HDL 是一种硬件描述语言(Hardware Description Language,HDL),是以文本形式来描述数字系统硬件的结构和行为的语言,用它可以表示逻辑电路图、逻辑表达式,还可以表示数字逻辑系统所完成的逻辑功能。Verilog HDL 语言具有下述描述能力:设计的行为特性、设计的数据流特性、设计的结构组成以及包含响应监控和设计验证方面的时延和波形产生机制。所有这些都使用同一种建模语言。此外,Verilog HDL 语言提供了编程语言接口,通过该接口可以在模拟、验证期间从外部访问,包括模拟的具体控制和运行。

Verilog HDL 语言不仅定义了语法,而且对每个语法结构都定义了清晰的模拟、仿真语义。因此,用这种语言编写的模型能够使用 Verilog 仿真器进行验证。语言从 C 编程语言中继承了多种操作符和结构,Verilog HDL 提供了扩展的建模能力。

Verilog HDL 的主要特点如下:

- 基本的数字电路逻辑门等都内置在语言中。
- 开关级基本结构模型也被内置在语言中。
- 提供以显式结构指定的设计中的时序检查。
- 有三种不同方式设计建模:行为描述方式——过程化结构建模;数据流方式——连续赋值语句方式建模;结构化方式——采用门和模块实例语句描述建模。这三种方式可以混合使用。
- 有两种数据类型:线网数据类型和寄存器数据类型。线网类型表示构件间的物理连线,寄存器类型表示抽象的数据存储元件。
- 设计的模块实例结构可以描述任何层次。
- 设计的规模可以是任意规模大小。
- 设计者能够在多个层次上加以描述,从开关级、门级、寄存器传送级(RTL)到算法级。
- 可描述顺序执行或并行执行的程序结构。
- 用延迟表达式或事件表达式来明确地控制过程的启动时间。
- 通过命名的事件来触发其他过程中的激活行为或停止行为。
- 提供了条件、if-else、case、循环程序结构。
- 提供了可带参数且非零延续时间的任务(task)程序结构。
- 提供了可定义新的操作符的函数结构(function)。

- 提供了用于建立表达式的算术运算符、逻辑运算符、位运算符。

2.2   Verilog HDL 基本模块结构

模块是 Verilog HDL 的基本描述单位,一个复杂电路系统的 Verilog HDL 模型由许多同样的 Verilog HDL 模块构成,用于描述某个设计的功能或结构及其与其他模块通信的外部端口。在不同的层次做具体模块的设计,所用的方法也有所不同,顶层或者高层一般编写各模块的指标分配和性能上的总体考虑,并非具体电路的实现,所以采用行为模块。而底层文件中许多功能都需要电路逻辑来实现,这时候模块就不仅仅需要仿真,还需要综合、优化、布线和后仿真。基本的模块说明图如图 2.1 所示,可以看出模块(module)不论大小和复杂程度,都是层次化设计的基本构建,逻辑描述放在模块的内部。

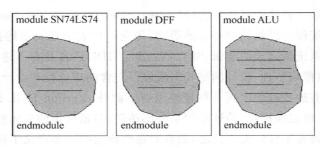

图 2.1   Verilog HDL 模块基本框架结构

模块可以表示一个物理量,例如 IC 或者 ASIC 单元,也可以是一个逻辑块,例如 CPU 设计的其中一个 ALU 的部分,还可以是一个设计的整个系统。每一个模块的描述都是从关键词 module 开始,有一个名称,由关键词 endmodule 结束。

2.2.1   Verilog HDL 设计程序介绍

下面先介绍几个简单的程序基本语法,然后从中分析 Verilog HDL 模块的特性。

例 2-1

```
module adder4(cout,sum,ina,inb,cin);
    output[3:0] sum;
    output cout;
    input[3:0] ina,inb;
    input cin;
    assign {cout,sum} = ina + inb + cin;
endmodule
```

从上面程序例子可知模块的名字是 adder4。模块有 5 个端口:3 个输入端口 ina、inb、cin,2 个输出端口 cout、sum。ina、inb 和 sum 端口的数据位数都为 4 位;同时,由于没有各端口的数据类型说明,所以这 4 个端口都是线网数据类型。模块包含一条描述全加器数据流行为的连续赋值语句。从例子中可以看出整个 Verilog HDL 程序是嵌套在 module 和 endmodule 声明语句里的。

例 2-2

```
module AOI(A,B,C,D,F);              //模块名为 AOI(端口列表 A,B,C,D,F)
    input A,B,C,D;                  //模块的输入端口为 A,B,C,D
    output F;                       //模块的输出端口为 F
    wire A,B,C,D,F;                 //定义信号的数据类型
    assign F = ~((A&B)|(C&D));      / * 逻辑功能描述 * /
endmodule
```

这是一个与-或-非运算电路的实现。在这个程序中,/ * … * /和//…表示注释部分,注释只是为了方便程序员理解程序,对编译是不起作用的。

因此可以看出一个模块基本结构是:

```
module <模块名>(<端口列表>);
        端口说明(input,output,inout)
        参数定义<可选>
        数据类型定义
        连续赋值语句(assign)
        过程块(initial 和 always)
            行为描述语句
            低层模块实例
            任务和函数
        延时说明块
endmodule
```

2.2.2　模块端口定义

Verilog HDL 的基本设计单元是"模块"(block)。一个模块是由两部分组成的:一部分描述接口;另一部分描述逻辑功能,即定义输入是如何影响输出的。

从图 2.2 可知,端口就是硬件的管脚(pin),它很形象地描述了模块的数据进出流向特性,也表述了模块的外部特征,以及模块与外部的通信。其定义格式如下:

module 模块名(端口 1,端口 2,端口 3,端口 4, …);

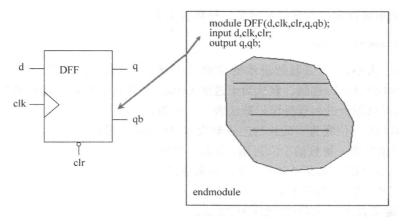

图 2.2　模块端口内外映射

端口在模块名字后的括号内列出,端口说明可以为 input、output 及 inout,默认为 wire 型。

2.2.3 模块内容

模块的内容包括 I/O 说明、内部信号声明、功能定义。

* I/O 说明的格式如下:

输入:input 端口名 1,端口名 2,…,端口名 i;   //(共有 i 个输入口)
输出:output 端口名 1,端口名 2,…,端口名 j;   //(共有 j 个输出口)

* I/O 说明也可以写在端口声明语句里。其格式如下:

module module_name(input port1,input port2, …)

* 内部信号说明:在模块内用到的和与端口有关的 wire 和 reg 变量的声明。例如,

reg [width−1 : 0] R 变量 1,R 变量 2,…;
wire [width−1 : 0]W 变量 1,W 变量 2,…;

2.3 Verilog HDL 语言要素

Verilog HDL 中总共有 19 种数据类型,数据类型是用来表示数字电路硬件中的数据储存和传送元素的。本书只介绍 4 个最基本的数据类型,分别是 reg 型、wire 型、integer 型、parameter 型。

2.3.1 常量

常量(literals)可是整数,也可以是实数。在程序运行过程中,其值不能被改变的量称为常量。下面首先对在 Verilog HDL 语言中使用的数字及其表示方式进行介绍。

1. 整数

整数的大小可以定义也可以不定义。整数表示为:

< size >'< base >< value >

其中 size:大小,由十进制数表示的位数(bit)表示。默认为 32 位。base:数基,可为 2(b)、8(o)、10(d)、16(h)进制。默认为十进制 value:是所选数基内任意有效数字,包括 X、Z。实数常量可以用十进制或科学记数法表示。例如:

8'b10101101 //位宽为 8 的数的二进制表示,'b 表示二进制。

8'hb2 //位宽为 8 的数的十六进制表示,'h 表示十六进制。

整数的大小可以定义也可以不定义。整数表示为:

* 数字中(_)忽略,便于查看。
* 没有定义大小(size)整数默认为 32 位。
* 默认数基为十进制。

- 数基(base)和数字(十六进制)中的字母无大小写之分。
- 当数值 value 大于指定的大小时,截去高位。如 2'b1101 表示的是 2'b01。

2. 实数

- 实数可用科学记数法或十进制表示。
- 科学记数法表示方式如下:

<尾数><e 或 E><指数>,表示:尾数×10 指数

例如:

```
8.5                        //普通十进制实数
14e-4                      //科学技术实数 0.0014
1.6E3                      //表示实数 1600
```

3. 其他类型定义

(1) 一个数字可以被定义为负数,只需在位宽表达式前加一个减号,减号必须写在数字定义表达式的最前面。注意减号既不可以放在位宽和进制之间,也不可以放在进制和具体的数之间。见下例:

-8'd5 //这个表达式代表 5 的补数(用 8 位二进制数表示)

(2) 下划线(underscore_):下划线可以用来分隔较长的数,以提高程序可读性。但不可以用在位宽和进制处,只能用在具体的数字之间。见下例:

```
16'b1010_1011_1111_1010         //合法格式
8'b_0011_1010                   //非法格式
```

当常量不说明位数时,默认值是 32 位,每个字母用 8 位的 ASCII 值表示。见下例:

```
10 = 32'd10 = 32'b1010
```

2.3.2 变量

变量即在程序运行过程中其值可以改变的量,在 Verilog HDL 中变量的数据类型有很多种,这里只对常用的两种进行介绍。

1. wire 型

wire 型数据常用来表示以 assign 关键字指定的组合逻辑信号。Verilog 程序模块中输入输出信号类型默认时自动定义为 wire 型。wire 型信号可以用作任何方程式的输入,也可以用作 assign 语句或实例元件的输出。

wire 型信号的格式同 reg 型信号的很类似。其格式如下:

```
wire[n-1:0]数据名 1,数据名 2,…,数据名 i;        //共有 i 条总线,每条总线内有 n 条线路
```

或

```
wire[n:1]数据名 1,数据名 2,…,数据名 i;
```

wire 是 wire 型数据的确认符,[n−1:0]和[n:1]代表该数据的位宽,即该数据有几位。最后跟着的是数据的名字。如果一次定义多个数据,则数据名之间用逗号隔开。声明语句的最后要用分号表示语句结束。看下面的几个例子:

```
wire a;                   //定义了一个一位的 wire 型数据
wire [7:0] b;             //定义了一个八位的 wire 型数据
wire [4:1] c, d;          //定义了二个四位的 wire 型数据
```

2. reg 型

寄存器是数据储存单元的抽象。寄存器数据类型的关键字是 reg。通过赋值语句可以改变寄存器储存的值,其作用与改变触发器储存的值相当。Verilog HDL 语言提供了结构语句,使设计者能有效地控制是否执行这些赋值语句。这些控制结构用来描述硬件的触发条件,例如时钟的边沿和多路器的选通信号。reg 类型数据的默认初始值为不定值 x。

reg 型数据常用来表示 always 模块内的指定信号,常代表触发器。通常,在设计中要由 always 块通过使用行为描述语句来表达逻辑关系。在 always 块内被赋值的每一个信号都必须定义成 reg 型。reg 型数据的格式如下:

```
reg [n−1:0]数据名 1,数据名 2,…,数据名 i;
```

或

```
reg [n:1]数据名 1,数据名 2,…,数据名 i;
```

reg 是 reg 型数据的确认标识符,[n−1:0]和[n:1]代表该数据的位宽,即该数据有几位 (bit)。最后跟着的是数据的名字。如果一次定义多个数据,数据名之间用逗号隔开。声明语句的最后要用分号表示语句结束。看下面的几个例子:

```
reg rega;                 //定义了一个一位的名为 rega 的 reg 型数据
reg [3:0] regM;           //定义了一个四位的名为 regM 的 reg 型数据
```

对于 reg 型数据,其赋值语句的作用就像改变一组触发器的存储单元的值。在 Verilog 中有许多构造(construct)用来控制何时或是否执行这些赋值语句,使用时一定要注意:reg 型只表示被定义的信号将用在 always 块内,理解这一点很重要。

2.3.3　标识符

标识符是用户在描述时给 Verilog 对象(电路模块、信号等)起的名字。所以在定义时要注意以下几点:

- 标识符必须以字母(a~z, A~Z)或(_)开头,后面可以是字母、数字、($)或(_)。
- 最长可以是 1023 个字符,标识符区分大小写,例如,sel 和 SEL 是不同的标识符。
- 有效标识符为:shift_reg_a,busa_index,_bus3。
- 无效标识符为:

```
34net                     // 开头不是字母或"_"
```

```
a * b_net                   //包含了非字母或数字, "$""_"
n@238                       //包含了非字母或数字, "$""_"
```

- Verilog 区分大小写，所有 Verilog 关键词如 module、endmodule 等都使用小写字母。

2.3.4　关键词

在 Verilog HDL 中，所有的关键词是事先定义好的确认符，用来组织语言结构。关键词是用小写字母定义的，因此在编写原程序时要注意关键词的书写，以避免出错。下面是Verilog HDL 中使用的关键词：

always，and，assign，begin，buf，bufif0，

bufif1，case，casex，casez，cmos，deassign，

default，defparam，disable，edge，else，end，

endcase，endmodule，endfunction，endprimitive，endspecify，endtable，

endtask，event，for，force，forever，fork，

function，highz0，highz1，if，initial，inout，

input，integer，join，large，macromodule，medium，

module，nand，negedge，nmos，nor，not，

notif0，notifl，or，output，parameter，pmos，

posedge，primitive，pull0，pull1，pullup，pulldown，

rcmos，reg，releses，repeat，mmos，rpmos，

rtran，rtranif0，rtranif1，scalared，small，specify，

specparam，strength，strong0，strong1，supply0，supply1，

table，task，time，tran，tranif0，tranif1，

tri，tri0，tri1，triand，trior，trireg，

vectored，wait，wand，weak0，weak1，while，

wire，wor，xnor，xor

注意：在编写 Verilog HDL 程序时，变量或者标识符在定义的时候不要与这些关键词冲突。

2.4　运算符及表达式

2.4.1　基本的算术运算符

在 Verilog HDL 语言中，算术运算符又称为二进制运算符，共有下面几种：

（1）＋（加法运算符，或正值运算符，如 rega＋regb，＋3）；

（2）－（减法运算符，或负值运算符，如 rega－3，－3）；

（3）×（乘法运算符，如 rega * 3）；

（4）/（除法运算符，如 5/3）；

（5）％（模运算符，或称为求余运算符，要求％两侧均为整型数据。如 7％3 的值为 1）。

在进行整数除法运算时，结果值要略去小数部分，只取整数部分；而进行取模运算时，

结果值的符号位采用模运算式中第一个操作数的符号位。例如：

10%3 //其结果为 1,表示余数为 1。

11%3 //其结果为 2,表示余数为 2。

12%3 //其结果为 0,表示余数为 0 即无余数。

－10%3//其结果为－1,表示结果取第一个操作数的符号位,所以余数为－1。

基本运算要注意以下几点：

- 将负数赋值给 reg 或其他无符号变量,使用 2 的补码算术。
- 如果操作数的某一位是 x 或 z,则结果为 x。
- 在整数除法中,余数舍弃。
- 模运算中使用第一个操作数的符号。

例 2-3 基本运算符的使用。

```
module arithops_test;
    parameter FIVE = 5;
    integer ans, int;
    reg [3: 0] rega, regb;
    reg [3: 0] num;
    initial begin
    rega = 3;
    regb = 4'b1010;
    int = - 3; //int = 1111…1111_1101
    #10 ans = FIVE * int; // ans = -15
    #20 ans = (int + 5)/ 2; // ans = 1
    #30 ans = FIVE/ int; // ans = -1
    #50 num = rega + 1; // num = 0100
    #60 num = int; // num = 1101
    #70 num = regb % rega; // num = 1
    #80 $ finish;
    end
endmodule
```

注意：integer 和 reg 类型在算术运算时的差别。integer 是有符号数,而 reg 是无符号数。

2.4.2　位运算符

Verilog HDL 作为一种硬件描述语言,是针对硬件电路而言的。在硬件电路中信号有 4 种状态值：1、0、x、z。在电路中信号进行与或非时,反映在 Verilog HDL 中则是相应的操作数的位运算。Verilog HDL 提供了以下 5 种位运算符：

(1) ~//取反。

(2) &//按位与。

(3) |//按位或。

(4) ^//按位异或。

(5) ^~//按位同或(异或非)。

说明：

- 位运算符中除了~是单目运算符以外,均为二目运算符,即要求运算符两侧各有一个操作数。

• 位运算符中的二目运算符要求对两个操作数的相应位进行运算操作。

举例说明:

```
rega = 'b1010;                    //rega 的初值为'b1010
rega = ~rega;                     //rega 的值进行取反运算后变为'b0101
```

2.4.3 逻辑运算符

在 Verilog HDL 语言中存在 3 种逻辑运算符:

(1) && 逻辑与。

(2) || 逻辑或。

(3) ! 逻辑非。

"&&"和"||"是二目运算符,它要求有两个操作数,如(a>b)&&(b>c)、(a<b)||(b<c)。"!"是单目运算符,只要求一个操作数,如!(a>b)。表 2.1 为逻辑运算的真值表。它表示当 a 和 b 的值为不同的组合时,各种逻辑运算所得到的值。

表 2.1 逻辑运算真值表

a	b	!a	!b	a&&b	a||b
真	真	假	假	真	真
真	假	假	真	假	真
假	真	真	假	假	真
假	假	真	真	假	假

注意: 逻辑运算符中"&&"和"||"的优先级别低于关系运算符,"!"高于算术运算符。例如,假定:

```
Crd = 1'b0;                      //0 为假 ; Dgs = 1'b1; //1 为真
```

那么 Crd && Dgs 结果为 0(假);Crd || Dgs 结果为 1(真);! Dgs 结果为 0(假)。

思考一下: 假定 A = 4 'b0110;B = 4 'b0100;那么

A | B 结果为什么? A || B 结果为什么?

A & B 结果为什么? A && B 结果为什么?

~A 结果为什么?!A 结果为什么?

2.4.4 关系运算符

关系运算符共有以下 4 种:

(1) a < b,a 小于 b。

(2) a > b,a 大于 b。

(3) a <= b,a 小于或等于 b。

(4) a >= b,a 大于或等于 b。

在进行关系运算时,如果声明的关系是假的(false),则返回值是 0;如果声明的关系是真的(true),则返回值是 1。如果某个操作数的值不定,则关系是模糊的,返回值是不定值 X。

所有的关系运算符有着相同的优先级别。关系运算符的优先级别低于算术运算符的优先级别。见下例：

```
a < size - 1            //这种表达方式等同于 a < (size-1) //这种表达方式。
size - (1 < a)          //这种表达方式不等同于 size - 1 < a //这种表达方式。
```

2.4.5　等式运算符

在 Verilog HDL 语言中存在 4 种等式运算符：

(1) ==（等于）。

(2) !=（不等于）。

(3) ===（等于）。

(4) !==（不等于）。

这 4 个运算符都是二元运算符，它要求有两个操作数。"=="和"!="又称为逻辑等式运算符。其结果由两个操作数的值决定。由于操作数中某些位可能是不定值 x 和高阻值 z，结果可能为不定值 x。而"==="和"!=="运算符则不同，它在对操作数进行比较时对某些位的不定值 x 和高阻值 z 也进行比较，两个操作数必须完全一致，其结果才是 1，否则为 0。"==="和"!=="运算符常用于 case 表达式的判别，所以又称为"case 等式运算符"。这 4 个等式运算符的优先级别是相同的。

表 2.2 为"=="与"==="的真值表，下面给出了程序范例来帮助理解两者间的区别。

表 2.2　"=="与"==="真值表

== 逻辑等					=== case 等				
==	0	1	X	Z	===	0	1	X	Z
0	1	0	X	X	0	1	0	0	0
1	0	1	X	X	1	0	1	0	0
X	X	X	X	X	X	0	0	1	0
Z	X	X	X	X	Z	0	0	0	1

```
a = 2'b1x;
b = 2'b1x;
if (a == b)
 $ display(" a is equal to b");
 else
$ display(" a is not equal to b");
```

以上代码说明 2'b1x==2'b0x 值为 0，因为不相等；2'b1x==2'b1x 值为 x，因为可能不相等，也可能相等。

```
a = 2'b1x;
b = 2'b1x;
if (a === b)
 $ display(" a is identical to b");
 else
$ display(" a is not identical to b");
```

从以上代码可以看出,2'b1x===2'b0x 值为 0,因为不相同;2'b1x===2'b1x 值为 1,因为相同。注意,"="为赋值操作符,将等式右边表达式的值复制到左边。

2.4.6　移位运算符

在 Verilog HDL 中有两种移位运算符:

(1) <<（左移位运算符）。

(2) >>（右移位运算符）。

其使用方法如下:

a >> n 或 a << n

a 代表要进行移位的操作数,n 代表要移几位。这两种移位运算都用 0 来填补移出的空位。移位操作符对其左边的操作数进行向左或向右的位移位操作。第二个操作数（移位位数）是无符号数。若第二个操作数是 x 或 z,则结果为 x。请见下面的例子。

例 2-4

```
module shift;
    reg [3:0] start, result;
    initial
        begin
            start = 1;                //start 在初始时刻设为值 0001
            result = (start << 2);    //移位后,start 的值 0100,然后赋给 result.
        end
endmodule
```

从上面的例子可以看出 start 在移过两位以后,用 0 来填补空出的位。

2.4.7　位拼接运算符

Verilog HDL 语言有一个特殊的运算符:位拼接运算符(Concatation){}。用这个运算符可以把两个或多个信号的某些位拼接起来进行运算操作。可以从不同的矢量中选择位并用它们组成一个新的矢量,用于位的重组和矢量构造。其使用方法如下:

{信号 1 的某几位,信号 2 的某几位,…,信号 n 的某几位}

即把某些信号的某些位详细地列出来,中间用逗号分开,最后用大括号括起来表示一个整体信号。见下例:

{a,b[3:0],w,3'b101}

也可以写成:

{a,b[3],b[2],b[1],b[0],w,1'b1,1'b0,1'b1}

在位拼接表达式中不允许存在没有指明位数的信号。这是因为在计算拼接信号的位宽的大小时必须知道其中每个信号的位宽。位拼接还可以用重复法来简化表达式。见下例:

{4{w}} //这等同于{w,w,w,w}

位拼接还可以用嵌套的方式来表达。见下例：

```
{b,{3{a,b}}} //这等同于{b,a,b,a,b,a,b}
```

用于表示重复的表达式如上例中的 4 和 3,必须是常数表达式。

在级联和复制时,必须指定位数,否则将产生错误。级联时不限定操作数的数目。在操作符符号{ }中,用逗号将操作数分开。例如：

```
{A, B, C, D}
```

2.4.8　缩减运算符

缩减运算符(reduction operator)是单目运算符,也有与或非运算。其与或非运算规则类似于位运算符的与或非运算规则,但其运算过程不同。位运算是对操作数的相应位进行与或非运算,操作数是几位数,则运算结果也是几位数。而缩减运算则不同,缩减运算是对单个操作数进行或与非递推运算,最后的运算结果是一位的二进制数。缩减运算的具体运算过程是这样的:第一步先将操作数的第一位与第二位进行或与非运算,第二步将运算结果与第三位进行或与非运算,以此类推,直至最后一位。例如：

```
reg [3:0] B;
reg C;
C = &B;
```

相当于：

```
C = ( (B[0]&B[1]) & B[2] ) & B[3];
```

由于缩减运算的与、或、非运算规则类似于位运算符与、或、非运算规则,此处不再详细讲述,请参照位运算符的运算规则介绍。

下面对各种运算符的优先级别关系作一总结,见图 2.3。

操作符类型	符号	
连接及复制操作符	{}　{{}}	最高
一元操作符	!　~　&　|　^	
算术操作符	*　/　%	
	+　-	
逻辑移位操作符	<<　>>	优先级
关系操作符	>　<　>=　<=	
相等操作符	==　===　!=　!==	
按位操作符	&	
	^　~^	
	|	
逻辑操作符	&&	
	||	最低
条件操作符	?　:	

图 2.3　运算符优先级顺序

2.5 Verilog HDL 基本语句

2.5.1 赋值语句

赋值语句分为连续赋值语句和过程赋值语句。

1. 连续赋值

(1) 连续赋值语句用于把值赋给 wire 型变量(不能为 reg 型变量赋值)。语句形式为:

assign A = B & C;

① 只要在右端表达式的操作数上有事件(事件为值的变化)发生时,表达式即被计算;
② 如果计算的结果值有变化,新结果就赋给左边的线网。
(2) 连续赋值的目标类型。
标量线网 wire a;
向量线网 wire [7:0] a;
向量线网的常数型位选择 a[1];
向量线网的常数型部分选择 a[3:1];
上述类型的任意的拼接运算结果 {3a[2],a[2:1]};
注:多条 assign 语句可以合并到一起。
(3) 线网说明赋值。
连续赋值可作为线网说明本身的一部分。这样的赋值被称为线网说明赋值。如:

wire Clear = 'b1;

等价于

wire clear;
assign clear = 'b1;

2. 过程赋值语句

(1) 语句说明。
① 过程性赋值是仅仅在 initial 语句或 always 语句内的赋值。
② 它只能对 reg 型的变量赋值。表达式的右端可以是任何表达式。
③ 过程性赋值分两类:阻塞性过程赋值=和非阻塞性过程赋值<=。
(2) 语句内部时延与句间时延。
① 在赋值语句中表达式右端出现的时延是语句内部时延。

Done = #5 1'b1;

② 通过语句内部时延表达式,右端的值在赋给左端目标前被延迟。即右端表达式在语句内部时延之前计算,随后进入时延等待,再对左端目标赋值。
③ 对比以下语句间的时延。

```
begin
Temp = 1'b1;
#5 Done = Temp;                     //语句间时延控制
end
```

（3）阻塞性过程赋值。

① 赋值运算符是"＝"的过程赋值是阻塞性过程赋值。

② 阻塞性过程赋值在下一语句执行前，执行该赋值语句。

例如下面的赋值代码：

```
initial
 begin
Clr = #5 0;
      Clr = #4 1;
    Clr = #10 0;
end
```

仿真波形如图 2.4 所示。

（4）非阻塞性过程赋值。

① 在非阻塞性过程赋值中，使用赋值符号"＜＝"。对目标的赋值是非阻塞的，但可预定在将来某个时间不发生。

② 当非阻塞性过程赋值被执行时，计算右端表达式，右端值被赋于左端目标，并继续执行下一条语句。

③ 在当前时间步结束或任意输出被调度时，即完成对左端目标赋值。例如：

```
initial
begin
Clr <= #5 1;
Clr <= #4 0;
Clr <= #10 0;
end
```

仿真波形如图 2.5 所示。

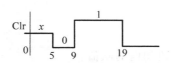

图 2.4　阻塞赋值波形图

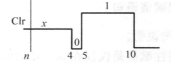

图 2.5　非阻塞赋值波形图

注：阻塞赋值和非阻塞赋值广泛应用在组合电路和时序电路中的 always 语句中，是 Verilog HDL 语法的一个重点以及难点，具体的应用以及二者之间的区别将在第 4 章进行详细讨论说明。

（5）过程赋值与连续赋值的比较。

过程赋值语句：在 always 语句或者 initial 语句内出现，其执行与周围其他语句有关，驱动寄存器 reg，使用"＝"或者"＜＝"，无 assign 关键词。

连续赋值语句：只能在一个模块内出现，与其他语句并行执行；在赋值符号右边操作数的值发生变化的时候执行,驱动网线:wire,使用"="位赋值符号,有 assign 关键词。

（6）使用过程赋值八原则。

规则 1:建立时序逻辑模型时,采用非阻塞赋值语句。

规则 2:建立 latch 模型时,采用非阻塞赋值语句。

规则 3:在 always 块中建立组合逻辑模型时,采用阻塞赋值语句。

规则 4:在一个 always 块中同时有组合和时序逻辑时,采用非阻塞赋值语句。

规则 5:不要在一个 always 块中同时采用阻塞和非阻塞赋值语句。

规则 6:同一个变量不要在多个 always 块中赋值。

规则 7:调用 $strobe 系统函数显示用非阻塞赋值语句赋值。

规则 8:不要使用♯0 延时赋值。

（7）always 语句。

在过程语句中,always 语句被广泛应用在组合以及时序电路中,是学习 Verilog HDL 的一个重点以及难点,下面将重点介绍如何使用 always 语句。

always 语句是一种重复执行语句,在应用的过程中,需要与时序控制一起使用,否则会在同一时间执行无数次,形成死循环。

always 语句的使用方式如下:

always ＋时序控制＋执行表达式

其中时序控制包括两种形式:一种是时延控制,另一种是事件控制。

① 时延控制主要应用在仿真语句中,常常用来实现一个时钟信号,具体示例如下:

```
always ♯ 10 clk = ～clk;
```

在这条语句中,♯10 为时延控制,整条语言描述了每经过 10 个时间单位,时钟信号进行一次取反,换句话说,就是生成一个时钟周期是 20 个时间单位的时钟信号。

② 事件控制 always 语句受到控制信号的制约,在事件控制中,定义地址符"@"来指定事件控制,事件触发方式可以是电平触发,也可以是边沿触发。此外,如果控制信号有多个,可以用 or 或者",""来隔开。

在事件控制中,电平触发主要应用在组合逻辑电路中,尤其是与 if-else 语句以及 case 语句进行配套使用,具体表示方法如下:

```
always @ ( a or b or c or d)
  begin
  …
  end
```

或者表示如下:

```
always @ ( a ,b, c , d)
  begin
  …
  end
```

其中,信号 a、b、c、d 四个信号作为电平触发的控制信号,它们之中只要有一个电平发生改变,always 语句就执行一次,否则不执行。

在事件控制中,边沿触发主要应用在时序逻辑电路中,根据信号的上升沿和下降沿的不同进行触发,我们规定两个关键字,其中 posedge 代表信号上升沿触发,negedge 代表信号下降沿触发。

具体表示方法如下:

```
always @ (posedge 信号 or negedge 信号)
  begin
  …
  end
```

一个模块中可以存在一个也可以存在多个 always 语句块,它们彼此之间是并行关系,此外,由于 always 语句块是对寄存器变量进行赋值,所以我们通常在定义变量数据类型的时候,往往定义在 always 语句块中,等号左边的变量数据类型为 reg 类型变量。

2.5.2 块语句

块语句用来将多个语句组织在一起,使得它们在语法上如同一个语句。块语句分为两类:

- 顺序块——语句置于关键字 begin 和 end 之间,块中的语句以顺序方式执行。
- 并行块——关键字 fork 和 join 之间的是并行块语句,块中的语句并行执行。

1. 顺序块

顺序块有以下特点:

(1) 块内的语句是按顺序执行的,即只有上面一条语句执行完后下面的语句才能执行。

(2) 每条语句的延迟时间是相对于前一条语句的仿真时间而言的。

(3) 直到最后一条语句执行完,程序流程控制才跳出该语句块。

顺序块的格式如下:

```
begin
  语句 1;
  语句 2;
  …
  语句 n;
end
```

或

```
begin:块名
  块内声明语句
  语句 1;
  语句 2;
  …
  语句 n;
end
```

其中,块名即该块的名字,一个标识名。其作用后面再详细介绍。块内声明语句可以是参数声明语句、reg 型变量声明语句、integer 型变量声明语句、real 型变量声明语句。

如例 2-5 产生的波形：假定顺序语句块在第 10 个时间单位开始执行。两个时间单位后第 1 条语句执行，即第 12 个时间单位。此执行完成后，下一条语句在第 17 个时间单位执行（延迟 5 个时间单位）。然后下一条语句在第 20 个时间单位执行，以此类推。该顺序语句块执行过程中产生的波形如图 2.6 所示。

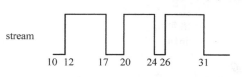

图 2.6 顺序语句块中的累积时延

例 2-5

```
begin
    #2 stream = 1;
    #5 stream = 0;
    #3 stream = 1;
    #4 stream = 0;
    #2 stream = 1;
    #5 stream = 0;
end
```

下面是顺序过程的另一实例：

```
begin
    Pat = Mask | Mat;
    @(negedge Clk) ;
    FF = &Pat
end
```

在该例中，第 1 条语句首先执行，然后执行第 2 条语句。当然，第 2 条语句中的赋值只有在 Clk 上出现负沿时才执行。下面是顺序过程的另一实例：

```
begin: SEQ_BLK
    reg[0:3] Sat ;
    Sat = Mask & Data ;
    FF = ^Sat;
end
```

在这一实例中，顺序语句块带有标记 SEQ_BLK，并且有一个局部寄存器说明。在执行时，首先执行第 1 条语句，然后执行第 2 条语句。

2. 并行块

并行语句块带有定界符 fork 和 join（顺序语句块带有定界符 begin 和 end），并行语句块中的各语句并行执行。并行语句块内的各条语句指定的时延值都与语句块开始执行的时间相关。当并行语句块中最后的动作执行完成时（最后的动作并不一定是最后的语句），顺序语句块的语句继续执行。换一种说法，就是并行语句块内的所有语句必须在控制转出语句块前完成执行。

并行块的格式如下：

```
fork
    语句 1;
```

```
        语句 2;
        …
        语句 n;
        join
```

或

```
    fork:块名
    块内声明语句
    语句 1;
    语句 2;
    …
    语句 n;
Join
```

请见例 2-5 生成的波形：如果并行语句块在第 10 个时间单位开始执行，所有的语句并行执行并且所有的时延都是对于时刻 10 的。例如，第 3 个赋值在第 20 个时间单位执行，并在第 26 个时间单位执行第 5 个值，以此类推。其产生的波形如图 2.7 所示。

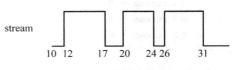

图 2.7 并行语句块中的相对时延

例 2-6

```
fork
    #2 stream = 1;
    #7 stream = 0;
    #10 stream = 1;
    #14 stream = 0;
    #16 stream = 1;
    #21 stream = 0;
join
```

3. 块名

在 Verilog HDL 语言中，可以给每个块取一个名字，只需将名字加在关键词 begin 或 fork 后面即可。这样做的原因有以下几点：

(1) 这样可以在块内定义局部变量，即只在块内使用的变量。

(2) 这样可以允许块被其他语句调用，如被 disable 语句。

(3) 在 Verilog 语言里，所有的变量都是静态的，即所有的变量都只有一个唯一的存储地址，因此进入或跳出块并不影响存储在变量内的值。

基于以上原因，块名就提供了一个在任何仿真时刻确认变量值的方法。

2.5.3 条件语句

1. if 语句

if 语句的语法如下：

（1）if(表达式) 语句

例如，

if (a > b) out1 < = int1;

（2）if(表达式)　语句 1
　　 else　　语句 2

例如，

if(a > b) out1 < = int1;
else out1 < = int2;

（3）if(表达式 1) 语句 1;
　　 else if(表达式 2) 语句 2;
　　 else if(表达式 3) 语句 3;
　　 …
　　 else if(表达式 m) 语句 m;
　　 else 语句 n;

例如，

if(a > b) out1 < = int1;
else if(a == b) out1 < = int2;
else out1 < = int3;

使用的时候要注意：

（1）三种形式的 if 语句中在 if 后面都有"表达式"，一般为逻辑表达式或关系表达式。系统对表达式的值进行判断，若为 0、x、z，则按"假"处理；若为 1，按"真"处理，执行指定的语句。

（2）在第二、第三种形式的 if 语句中，在每个 else 前面有一分号，整个语句结束处有一个分号。这是由于分号是 Verilog HDL 语句中不可缺少的部分，这个分号是 if 语句中的内嵌套语句所要求的。如果无此分号，则出现语法错误。但应注意，不要误认为上面是两个语句(if 语句和 else 语句)。它们都属于同一个 if 语句。else 子句不能作为语句单独使用，它必须是 if 语句的一部分，与 if 配对使用。

（3）在 if 和 else 后面可以包含一个内嵌的操作语句，也可以有多个操作语句，用 begin 和 end 这两个关键词将几个语句包含起来成为一个复合块语句。例如：

```
if(a > b)
  begin
    out1 < = int1;
    out2 < = int2;
  end
else
begin
    out1 < = int2;
    out2 < = int1;
end
```

注意：在 end 后不需要再加分号。因为 begin_end 内是一个完整的复合语句，不需再附加分号。

（4）允许一定形式的表达式简写方式。例如，if(expression)等同于 if(expression == 1)。

（5）if 语句的嵌套，在 if 语句中又包含一个或多个 if 语句称为 if 语句的嵌套。例如：

```
if(Ctrl)
  begin
    if(~Ctrl2)
      Mux = 4'd2;
    else
      Mux = 4'd1;
  end
else
    begin
    if(~Ctrl2)
      Mux = 4'd8;
    else
      Mux = 4'd4;
end
```

2. case 语句

（1）case 语句是一个多路条件分支形式，其语法模板如下：

```
case(控制信号)
分支表达式 1: 执行语句 1;
分支表达式 2: 执行语句 2;
        …
分支表达式 n-1: 执行语句 n-1;
        default: 执行语句 n;
endcase
```

在模板中，当控制信号的值等于分支表达式中的某一项时，执行相应的语句；如果控制信号的值不等于任何一个分支表达式的时候，执行最后一条语句，也就是 default 后面的语句。

在 case 语句中，分支表达式通常是具体数值，所以可以通过 parameter 对分支表达式进行参数的定义。

下面通过一个实例对 case 的应用进行理解说明。

例 2-7

```
parameter
    MON = 0 , TUE = 1, WED = 2,
    THU = 3, FRI = 4,
    SAT = 5, SUN = 6;
  reg [0:2] Day;
integer Pocket_Money;
  case (Day)
  TUE : Pocket_Money = 6;              //分支 1.
  MON ,WED : Pocket_Money = 2;         //分支 2.
```

```
FRI, SAT,SUN : Pocket_Money = 7;      //分支 3.
default : Pocket_Money = 0;           //分支 4.
endcase
```

在上面的例子里,在 case 语句中,当敏感电平 Day＝1 时,Pocket_Money = 6;当敏感电平 Day＝0 或 2 时,Pocket_Money = 2;当敏感电平 Day＝4、5 或 6 时,Pocket_Money = 7;除此之外,Pocket_Money ＝0。

如果 case 表达式和分支项表达式的长度不同会发生什么呢？在这种情况下,在进行任何比较前所有的 case 表达式都统一为这些表达式的最长长度。例 2-8 说明了这种情况。

例 2-8

```
case (3'b101 << 2)
    3'b100: $ displ y ( "First branch taken!");
    4'b0100: $ display ( "Second branch taken!");
    5'b10100: $ display ( "Third branch taken!");
    default: $ display ( "Default branch taken!");
endcase
```

因为第 3 个分支项表达式长度为 5 位,所有的分支项表达式和条件表达式长度统一为 5。当计算 3'b101＜＜2 时,结果为 5'b10100,并选择第 3 个分支,产生:

```
Third branch taken!
```

(2) case 语句中的无关位。

上面描述的 case 语句中,值 x 和 z 只从字面上解释,即作为 x 和 z 值。这里有 case 语句的其他两种形式：casex 和 casez,这些形式对 x 和 z 值使用不同的解释。除关键字 casex 和 casez 以外,语法与 case 语句完全一致。

在 casez 语句中,出现在 case 表达式和任意分支项表达式中的值 z 被认为是无关值,即那个位被忽略(不比较)。

在 casex 语句中,值 x 和 z 都被认为是无关位。例如：

```
wire [4:1]Mask;
casex( Mask )
  4'b1??? : Dbus[4] = 0;
  4'b01?? : Dbus[3] = 0;
  4'b001? : Dbus[2] = 0;
  4'b0001 : Dbus[1] = 0;
endcase
```

? 字符可用来代替字符 z,表示无关位。casez 语句表示如果 Mask[4]是 1(忽略其他),那么将 Dbus[4]赋值为 0;如果 Mask[4]是 0,则 Mask[3]是 1(忽略其他位),那么 Dbus[3]被赋值为 0,并以此类推。

注：条件语句的使用是组合逻辑电路设计的一个重点,我们将在第 4 章通过选择电路的编写深入理解 if 语句、case 语句以及多路选择器三者之间的异同。

2.5.4 循环语句

在 Verilog HDL 中存在着四种类型的循环语句,用来控制执行语句的执行次数。

（1）forever：连续的执行语句。

（2）repeat：连续执行一条语句 n 次。

（3）while：执行一条语句直到某个条件不满足。如果一开始条件即不满足（为假），则语句一次也不能被执行。

（4）for：通过以下三个步骤来决定语句的循环执行。

① 先给控制循环次数的变量赋初值。

② 判定控制循环的表达式的值,如为假则跳出循环语句,如为真则执行指定的语句后,转到第 3 步。

③ 执行一条赋值语句来修正控制循环变量次数的变量的值,然后返回第 2 步。

1. forever 循环语句

这一形式的循环语句语法如下：

```
forever 语句；
```

或

```
forever begin 多条语句 end
```

此循环语句连续执行过程语句。因此为跳出这样的循环,中止语句可以与过程语句共同使用。同时,在过程语句中必须使用某种形式的时序控制,否则,forever 循环将在 0 时延后永远循环下去。下面给出这种形式的循环实例。

例 2-9

```
initial
begin
 Clock = 0;
 #5 forever
 #10 Clock = ~Clock;
end
```

这一实例产生时钟波形；时钟首先初始化为 0,并一直保持到第 5 个时间单位。此后每隔 10 个时间单位,Clock 反相一次。

2. repeat 循环语句

repeat 语句的格式如下：

```
repeat(表达式)语句；
```

或

```
repeat(表达式) begin 多条语句 end
```

这种循环语句执行指定循环次数的过程语句。如果循环计数表达式的值不确定,即为 x 或 z 时,那么循环次数按 0 处理。

```
repeat (Count)
  Sum = Sum + 10;
```

```
    repeat (ShiftBy)
    P_Reg = P_Reg << 1;
```

repeat 循环语句与重复事件控制不同。例如，

```
    repeat(Count)                              //repeat 循环语句
        @ (posedge Clk) Sum = Sum + 1;
```

上例表示计数的次数，等待 Clk 的正边沿，并在 Clk 正沿发生时，对 Sum 加 1。但是，

```
    Sum = repeat(Count) @ (posedge Clk) Sum + 1; //重复事件控制
```

该例表示首先计算 Sum ＋ 1，随后等待 Clk 上正沿计数，最后为左端赋值。

```
    repeat(NUM_OF_TIMES) @ (negedge ClockZ) ;
```

它表示在执行跟随在 repeat 语句之后的语句之前，等待 ClockZ 的 NUM_OF_TIME 个负沿。

3. while 循环语句

while 语句的格式如下：

while(表达式) 语句

或用如下格式：

while(表达式) begin 多条语句 end

下面举一个 while 语句的例子，该例子用 while 循环语句对 rega 这个 8 位二进制数中值为 1 的位进行计数。

例 2-10

```
begin: count1s
    reg[7:0] tempreg;
    count = 0;
    tempreg = rega;
    while(tempreg)
      begin
        if(tempreg[0]) count = count + 1;
        tempreg = tempreg >> 1;
      end
end
```

4. for 循环语句

for 语句的一般形式为：

for (表达式 1; 表达式 2; 表达式 3) 语句

它的执行过程如下：

（1）先求解表达式 1。

（2）求解表达式 2，若其值为真（非 0），则执行 for 语句中指定的内嵌语句，然后执行下

面的第(3)步;若为假(0),则结束循环,转到第(5)步。

(3) 若表达式为真,在执行指定的语句后,求解表达式3。

(4) 转回上面的第(2)步骤继续执行。

(5) 执行 for 语句下面的语句。

for 语句最简单的应用形式是很易理解的,其形式如下:

```
for(循环变量赋初值; 循环结束条件; 循环变量增值)
        执行语句
```

for 循环语句实际上相当于采用 while 循环语句建立以下的循环结构:

```
begin
    循环变量赋初值;
    while(循环结束条件)
        begin
            执行语句
            循环变量增值;
        end
end
```

这样对于需要 8 条语句才能完成的一个循环控制,for 循环语句只需两条即可。

例 2-11　for 语句来初始化 memory。

```
begin: init_mem
    reg[7:0] tempi;
    for(tempi = 0; tempi < memsize; tempi = tempi + 1)
    memory[tempi] = 0;
end
```

例 2-12　for 语句实现乘法器。

```
parameter size = 8, longsize = 16;
  reg[size:1] opa, opb;
  reg[longsize:1] result;

begin:mult
    integer bindex;
    result = 0;
    for( bindex = 1; bindex <= size; bindex = bindex + 1 )
        if(opb[bindex])
            result = result + (opa <<(bindex - 1));
    end
```

在 for 语句中,循环变量增值表达式可以不必是一般的常规加法或减法表达式。

例 2-13　用 for 语句改写例 2-10。

```
begin: count1s
  reg[7:0] tempreg;
  count = 0;
  for( tempreg = rega; tempreg; tempreg = tempreg >> 1 )
    if(tempreg[0])
```

```
        count = count + 1;
    end
```

2.6　任务与函数

task 和 function 说明语句分别用来定义任务和函数。利用任务和函数可以把一个很大的程序模块分解成许多较小的任务和函数，以便于理解和调试。输入、输出和总线信号的值可以传入、传出任务和函数。任务和函数往往还是大的程序模块中在不同地点多次用到的相同的程序段。

2.6.1　系统任务

一个任务(task)就像一个过程，它可以从描述的不同位置执行共同的代码段。共同的代码段用任务定义编写成任务，这样它就能够从设计描述的不同位置通过任务调用被调用。任务可以包含时序控制，即时延控制，并且任务也能调用其他任务和函数。

1. 任务的定义

定义任务的语法如下：

```
task <任务名>;
    <端口及数据类型声明语句>
       <语句 1>
       <语句 2>
       …
       <语句 n>
endtask
```

这些声明语句的语法与模块定义中的对应声明语句的语法是一致的。任务可以没有或有一个或多个参数。值通过参数传入和传出任务。除输入参数外(参数从任务中接收值)，任务还能带有输出参数(从任务中返回值)和输入输出参数。任务的定义在模块说明部分中编写。

例 2-14

```
module example_task;
    parameter MAXBITS = 8;
    task Reverse_Bits;
    input [MAXBITS − 1:0] Din;
    output [MAXBITS − 1:0] Dout;
    integer K;

        begin
        for (K = 0; K < MAXBITS; K = K + 1)
        Dout [MAXBITS − K] = Din[K] ;
    end
    endtask
```

```
    ...
endmodule
```

任务的输入和输出在任务开始处声明。这些输入和输出的顺序决定了它们在任务调用中的顺序。下面是另一个例子。

例 2-15

```
task Rotate_Left;
    inout [1:16] In_Arr;
    input [0:3] Start_Bit , Stop_Bit ,Rotate_By;
    reg Fill_Value;
    integer Mac1,Mac3;
    begin
      for (Mac3 = 1; Mac3 <= Rotate_By; Mac3 = Mac3 + 1)
        begin
            Fill_Value = In_Arr[Stop_Bit] ;
            for (Mac1 = Stop_Bit; Mac1 >= Start_Bit + 1;
                Mac1 = Mac1 - 1 )
            In_Arr[Mac1] = In_Arr[Mac1 - 1];
            In_Arr[Start_Bit] = Fill_Value;
        end
    end
endtask
```

Fill_Value 是任务的局部寄存器,只能在任务中直接可见。任务的第 1 个参数是输入输出数组 In_Arr,随后是 3 个输入:Start_Bit、Stop_Bit 和 Rotate_By。除任务参数外,任务还能够引用说明任务的模块中定义的任何变量。

2. 任务的调用

一个任务由任务调用语句调用。任务调用语句给出传入任务的参数值和接收结果的变量值。任务调用语句是过程性语句,可以在 always 语句或 initial 语句中使用。形式如下:

```
task_id (v,w,x,y,z);
```

任务调用语句中参数列表必须与任务定义中的输入、输出和输入输出参数说明的顺序匹配。此外,参数要按值传递,不能按地址传递。下面是一个具体的例子,用来说明怎样在模块的设计中使用任务,使程序容易读懂。

例 2-16

```
module traffic_lights;
    reg clock, red, amber, green;
    parameter on = 1, off = 0, red_tics = 350,
    amber_tics = 30,green_tics = 200;
    //交通灯初始化
    initial red = off;
    initial amber = off;
    initial green = off;
    //交通灯控制时序
always
```

```
    begin
      red = on; //开红灯
      light(red,red_tics); //调用等待任务
      green = on; //开绿灯
      light(green,green_tics); //等待
      amber = on; //开黄灯
      light(amber,amber_tics); //等待
    end
  //定义交通灯开启时间的任务
task light(color,tics);
    output color;
    input[31:0] tics;
  begin
    repeat(tics) @(posedge clock);      //等待 tics 个时钟的上升沿
    color = off;                        //关灯
  end
 endtask
  //产生时钟脉冲的 always 块
    always
      begin
        #100 clock = 0;
        #100 clock = 1;
      end
endmodule
```

这个例子描述了一个简单的交通灯的时序控制,并且该交通灯有它自己的时钟产生器。

2.6.2 函数

函数,如同任务一样,也可以在模块的不同位置执行共同代码。函数与任务的不同之处是函数只能返回一个值,它不能包含任何时延或时序控制(必须立即执行),并且它不能调用其他的任务。此外,函数必须带有至少一个输入,在函数中允许没有输出或输入输出说明。函数可以调用其他的函数。

1. 函数说明语句

函数说明部分可以在模块说明中的任何位置出现,函数的输入是由输入说明指定,形式如下:

```
function <返回值的类型或范围>(函数名);
        <端口说明语句>
        <变量类型说明语句>
    begin
        <语句>
        …
    end
endfunction
```

如果函数说明部分中没有指定函数取值范围,则其默认的函数值为一位二进制数。下面给出一个函数实例。

例 2-17

```
module Function_rl
    parameter maxbits = 8;
    function [maxbits − 1:0] R_Bits;
    input [maxbits − 1:0] Din;
    integerK;
  begin
   for (K = 0; K < maxbits; K = K + 1)
   R_Bits [maxbits − K] = Din [K] ;
  end
endfunction
...
endmodule
```

函数名为 R_Bits。函数返回一个长度为 maxbits 的向量。函数有一个输入 Din。K 是局部整型变量。请注意，<返回值的类型或范围>这一项是可选项，默认返回值为一位寄存器类型数据。下面用例子说明：

例 2-18

```
function [7:0] getbyte;
    input [15:0] address;
  begin
   <说明语句>                          //从地址字中提取低字节的程序
   getbyte = result_expression;    //把结果赋予函数的返回字节
  end
endfunction
```

2. 函数的调用

函数调用是表达式的一部分。形式如下：

```
Func_id(expr1 , expr2 , … , exprN)
```

以下是函数调用的例子：

```
reg [maxbits − 1:0] New_Reg , Reg_X;    //寄存器说明
New_ Reg = Reverse_Bits(Reg_X);         //函数调用在右侧表达式内
```

与任务相似，函数定义中声明的所有局部寄存器都是静态的，即函数中的局部寄存器在函数的多个调用之间保持它们的值。

3. 函数的使用规则

与任务相比较函数的使用有较多的约束，下面给出的是函数的使用规则：

（1）函数的定义不能包含有任何的时间控制语句，即任何用 #、@、或 wait 来标识的语句。

（2）函数不能启动任务。

（3）定义函数时至少要有一个输入参量。

（4）在函数的定义中必须有一条赋值语句给函数中的一个内部变量赋以函数的结果值，该内部变量具有和函数名相同的名字。

2.7　预编译指令

Verilog HDL 语言和 C 语言一样，也提供了编译预处理的功能。"编译预处理"是 Verilog HDL 编译系统的一个组成部分。Verilog HDL 语言允许在程序中使用几种特殊的命令（它们不是一般的语句）。Verilog HDL 编译系统通常先对这些特殊的命令进行"预处理"，然后将预处理的结果和源程序一起再进行通常的编译处理。

在 Verilog HDL 语言中，为了和一般的语句相区别，这些预处理命令以符号"`"开头（注意这个符号是不同于单引号"'"的）。这些预处理命令的有效作用范围为定义命令之后到本文件结束或到其他命令定义替代该命令之处。Verilog HDL 提供了 20 种预编译命令，本节只对常用的`define、`include、`timescale 进行介绍。

2.7.1　宏定义指令`define

`define 用一个指定的标识符（即名字）来代表一个字符串，它的一般形式为：

`define 标识符(宏名)字符串(宏内容)

如：

`define signal string

它的作用是指定用标识符 signal 来代替 string 这个字符串，在编译预处理时，把程序中在该命令以后所有的 signal 都替换成 string。这种方法使用户能以一个简单的名字代替一个长的字符串，也可以用一个有含义的名字来代替没有含义的数字和符号，因此把这个标识符（名字）称为"宏名"，在编译预处理时将宏名替换成字符串的过程称为"宏展开"。`define 是宏定义命令。

例 2-19

```
`define WORDSIZE 16
    module
  reg[1:`WORDSIZE] data; //这相当于定义 reg[1:16] data;
```

2.7.2　"文件包含"指令`include

所谓"文件包含"处理，是指一个源文件可以将另外一个源文件的全部内容包含进来，即将另外的文件包含到本文件之中。Verilog HDL 语言提供了`include 命令用来实现"文件包含"的操作。其一般形式为：

`include "文件名"
  File1.v

"文件包含"命令是很有用的，它可以节省程序设计人员的重复劳动。可以将一些常用的宏定义命令或任务(task)组成一个文件,然后用`include 命令将这些宏定义包含到自己所写的源文件中,相当于工业上的标准元件拿来使用。另外在编写 Verilog HDL 源文件时,一个源文件可能经常要用到另外几个源文件中的模块,遇到这种情况即可用`include 命令将所需模块的源文件包含进来。

例 2-20

(1) 文件 aaa.v。

```
module aaa(a,b,out);
    input a, b;
    output out;
    wire out;
    assign out = a^b;
endmodule
```

(2) 文件 bbb.v。

```
`include "aaa.v"
module bbb(c,d,e,out);
    input c,d,e;
    output out;
    wire out_a;
    wire out;
    aaa aaa(.a(c),.b(d),.out(out_a));
    assign out = e&out_a;
endmodule
```

在上面的例子中,文件 bbb.v 用到了文件 aaa.v 中的模块 aaa 的实例器件,通过"文件包含"处理来调用。模块 aaa 实际上是作为模块 bbb 的子模块来被调用的。在经过编译预处理后,文件 bbb.v 实际相当于下面的程序文件 bbb.v:

```
module aaa(a,b,out);
    input a, b;
    output out;
    wire out;
    assign out = a ^ b;
endmodule
module bbb( c, d, e, out);
    input c, d, e;
    output out;
    wire out_a;
    wire out;
    aaa aaa(.a(c),.b(d),.out(out_a));
    assign out = e & out_a;
endmodule
```

2.7.3   时间尺度`timescale

`timescale 命令用来说明跟在该命令后的模块的时间单位和时间精度。使用`timescale 命令可以在同一个设计里包含采用了不同的时间单位的模块。例如,一个设计中包含了两个模块,其中一个模块的时间延迟单位为 ns,另一个模块的时间延迟单位为 ps。EDA 工具仍然可以对这个设计进行仿真测试。

`timescale 命令的格式如下:

`timescale<时间单位>/<时间精度>

在这条命令中,时间单位参量是用来定义模块中仿真时间和延迟时间的基准单位的。时间精度参量是用来声明该模块的仿真时间的精确程度的,该参量被用来对延迟时间值进行取整操作(仿真前),因此该参量又可以被称为取整精度。如果在同一个程序设计里,存在多个`timescale 命令,则用最小的时间精度值来决定仿真的时间单位。另外时间精度至少要和时间单位一样精确,时间精度值不能大于时间单位值。

例 2-21

`timescale 1ns/1ps

在这个命令之后,模块中所有的时间值都表示是 1ns 的整数倍。这是因为在`timescale 命令中,定义了时间单位是 1ns。模块中的延迟时间可表达为带三位小数的实型数,因为`timescale 命令定义时间精度为 1ps。

例 2-22

`timescale 10us/100ns

在这个例子中,`timescale 命令定义后,模块中时间值均为 $10\mu s$ 的整数倍。因为`timescale 命令定义的时间单位是 $10\mu s$。延迟时间的最小分辨度为十分之一微秒(100ns),即延迟时间可表达为带一位小数的实型数。

2.7.4　条件编译指令`ifdef、`else、`endif

一般情况下,Verilog HDL 源程序中所有的行都将参加编译。但是有时希望对其中的一部分内容只有在满足条件时才进行编译,也就是对一部分内容指定编译的条件,这就是"条件编译"。有时,希望当满足条件时对一组语句进行编译,而当条件不满足时则编译另一部分。

条件编译命令有以下几种形式。

(1) `ifdef 宏名 (标识符)
　　　　　程序段 1
　　　　　`else
　　　　　程序段 2
　　　`endif

它的作用是当宏名已经被定义过(用`define 命令定义),则对程序段 1 进行编译,程序段 2 将被忽略;否则编译程序段 2,程序段 1 被忽略。其中`else 部分可以没有,即为第二种形式

(2) `ifdef 宏名 (标识符)
　　　　　程序段 1
　　　　`endif

这里的"宏名"是一个 Verilog HDL 的标识符,"程序段"可以是 Verilog HDL 语句组,

也可以是命令行。这些命令可以出现在源程序的任何地方。注意：被忽略掉的不进行编译的程序段部分也要符合 Verilog HDL 程序的语法规则。

小结

　　Verilog HDL 的语法与 C 语言的语法有许多类似的地方，但也有许多不同的地方。学习 Verilog HDL 语法时要善于找到不同点，着重理解如：阻塞和非阻塞赋值的不同；顺序块和并行块的不同；块与块之间的并行执行的概念；task 和 function 的概念。只有通过阅读大量的 Verilog 调试模块实例，经过长期的实践，经常查阅 Verilog 语言参考手册才能逐步掌握并且提高。

习题

　　2-1　wire 型变量和 reg 型变量有什么区别？它们分别用在什么场合？

　　2-2　逻辑"与"和按位"与"有什么区别？它们在什么情况下的运算结果相同？

　　2-3　分别说明"a===1"和"a=1"表示什么。它们有什么区别？

　　2-4　举例说明 4 种循环语句的区别。

　　2-5　时间尺度命令如下：`timescale 10ns/1ns，在这条语句中，10ns 和 1ns 分别指的是什么？

第3章

Quartus Ⅱ及Modelsim 设计工具的使用方法

本章将介绍 Quartus Ⅱ及 Modelsim 设计工具的使用方法,Quartus Ⅱ主要用来实现完整的 FPGA 设计流程,Modelsim 主要用来实现对设计模块的仿真。

3.1 Quartus Ⅱ软件使用方法

FPGA 系统的设计属于 EDA 技术的范畴,务必使用相应的 EDA 软件,Quartus Ⅱ是 Altera 公司的综合性 PLD/FPGA 开发软件,可以实现原理图、VHDL、Verilog HDL 以及 AHDL(Altera Hardware Description Language)等多种设计输入形式。同时,内嵌自有的综合器以及仿真器(从 Quartus Ⅱ 10.0 开始,Altera 公司将自带的仿真器转换为功能更强大的 Altera-Modelsim),可以完成从设计输入到编程下载的完整 PLD 设计流程。

3.1.1 FPGA 的设计流程

FPGA 的设计流程就是通过 FPGA 对应的 EDA 开发工具,对 FPGA 进行设计编程、仿真调试,完成系统预定功能的流程。典型 FPGA 的设计流程一般如图 3.1 所示,包括工程建立、设计输入、综合、功能仿真、适配、时序仿真、编程下载等步骤,所有这些步骤都可以在开发软件 Quartus Ⅱ中逐一完成。

为了使大家更方便地使用 Quartus Ⅱ软件,下面对设计流程的各项步骤的作用进行简单的说明。

1. 建立工程

建立工程是 EDA 开发的开始,通过建立新工程来指定工程工作目录,分配工程名称,指定顶层设计实体的名称等;通过建立工程对合适的 FPGA 器件以及相应的仿真分析工具进行选择。

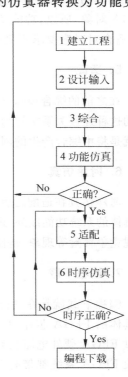

图 3.1　FPGA 的设计流程

2．设计输入

设计输入是通过某种特定输入方法告诉 EDA 工具，你想要实现什么样的系统或电路。主要的输入方法包括原理图输入和硬件描述语言（HDL）输入等方法。原理图输入方式非常直接，类似于 orcad、protel 等画图软件，它通过调用元件库中的器件（与或非门等），将原理图直接画出来。对于简单的电路系统来说，这种方法方便直接，易于学习，也易于后续仿真，但是，随着系统复杂程度的增加，系统所需元器件越来越多，设计难度就会越来越高，不适合复杂的系统的设计。对于复杂的系统，最好的输入形式是直接描述系统要实现的功能，让 EDA 软件来实现底层电路设计，HDL 语言输入法就是这样一种输入形式，它利用文本语言的形式进行系统结构或功能的描述设计，其描述方式灵活，而且输入效率很高。主流语言是 Verilog HDL 和 VHDL，它们是目前主要的设计输入方式。

3．综合

当我们直接将系统功能通过 HDL 语言描述出来时，FPGA 最终是要用逻辑门来实现这些描述的功能。综合就是将较高级抽象层次（逻辑功能描述）的描述编译转化成较低层次的描述（由与门、或门、非门、RAM、触发器等基本逻辑单元组成的电路之间连接关系的描述）。

4．功能仿真

顾名思义，功能仿真就是将系统的逻辑功能仿真出来，也称为前仿真。功能仿真不需要适配具体的 FPGA 型号，只关心设计的系统是否能实现预期的功能。由于没有具体的 FPGA 对象，所以，功能仿真不含有时序延迟信息，无法判断系统是否会出现竞争冒险等问题，适合对时序要求不高的 FPGA 系统进行仿真。

5．适配

在之前的综合步骤已经将系统的功能转换成了门电路和电路之间的连接关系（我们称产生的这种连接关系文件为网表文件）的形式了，但是不同 FPGA 的门电路的布局是不同的，适配就是将由综合产生的网表文件配置到指定的具体 FPGA 器件中，使之产生最终的下载文件。

6．时序仿真

时序仿真在适配之后进行，由于已经有了具体 FPGA 器件的信息，所以，时序仿真除了仿真具体的系统功能以外，还要仿真系统的时序延迟情况，可以分析出系统速度是否合适、是否出现竞争冒险等现象，是比较接近具体硬件电路功能的仿真形式。时序仿真也称为后仿真。

7．编程下载

编程下载就是在功能仿真与时序仿真都正确的前提下，将适配后形成的下载文件下载到具体的 FPGA 芯片中，也叫芯片配置，这是 FPGA 设计的最后步骤，编程下载后可以直接通过 FPGA 硬件电路板判断实现的功能是否正确。由于 FPGA 具有掉电信息丢失的性质，一般 FPGA 系统都带有 Flash 配置芯片，如果系统功能正确，还需要将文件烧录到 Flash 配置芯片中进行自动上电配置。

3.1.2 Quartus II 的设计流程

在了解了 FPGA 的具体设计流程后,我们就要用 Quartus II 软件来实现。

我们将通过用 Verilog HDL 文本输入的方式来设计一个 4 位的全加器,所采用的软件是 Quartus II 9.1 SP2 版本,该版本扩展了对 Cyclone IV 系列 FPGA 的支持,同时保留了软件自带的仿真功能,比较适合初学者。

1. 建立工程

1)建立新工程

单击 File->New Project Wizard 选项,弹出工程向导的基本信息对话框,如图 3.2 所示,对话框中第一栏指定新工程的文件夹名,单击文本框后的 图标,弹出 Select Directory 对话框,选择工程保存的文件夹,同时要注意,由于 Quartus II 对中文支持不好,文件夹不要放在中文目录下,不要命名为中文,最好不要直接放在桌面;第二栏制定新工程的工程名,工程名需符合 Verilog 标识符的命名规范;第三栏指定工程的实体名,实体名要和工程名相同。

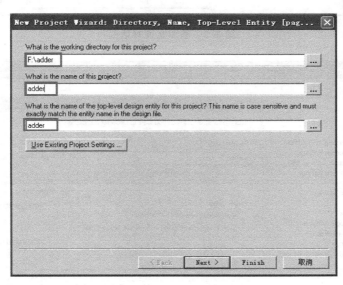

图 3.2 工程向导的基本信息

2)选择需要加入的文件和库

单击如图 3.2 所示对话框中的 Next 按钮进行下一步操作。这一步操作的目的是添加已有的文件到工程中来,目前还没有创建任何文件,所以这里不需要添加,直接单击 Next 按钮,如图 3.3 所示。

3)选择目标器件

单击如图 3.3 所示对话框中的 Next 按钮后,弹出器件类型设置的对话框,如图 3.4 所示。这里是以 Altera 公司的 DE2-70 系列开发板为例进行讲解,所以在 Family 选项中选择 Cyclone II系列 FPGA,在 Available devices 选项中选择型号为 EP2C70F896C6 的 FPGA 芯片。

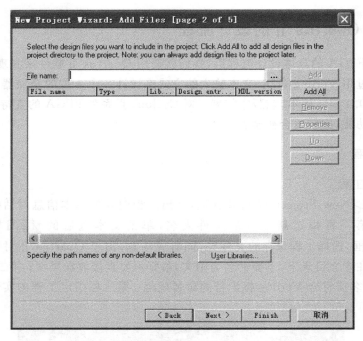

图 3.3　添加文件对话框

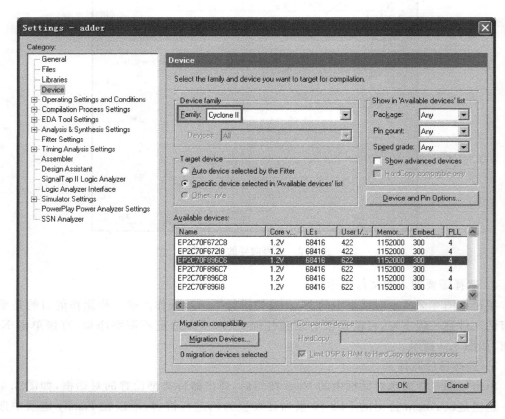

图 3.4　器件类型设置

4）选择第三方 EDA 工具

单击图 3.4 中的 OK 按钮，弹出 EDA 工具设置对话框，如图 3.5 所示。在此选择需要使用的第三方 EDA 工具。本例中不需要第三方 EDA 工具，直接单击 Next 按钮。

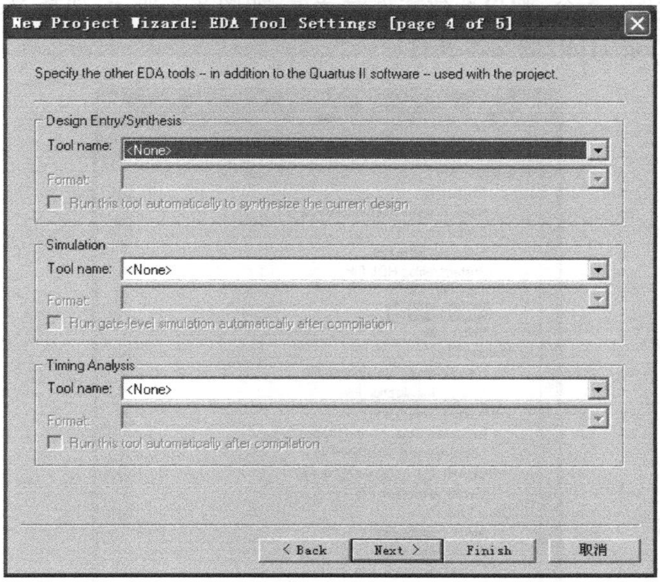

图 3.5　EDA 工具设置

5）结束工程设置

最后弹出新工程确认对话框，如图 3.6 所示。从该对话框中可以看到建立的工程名称、选择的器件等信息，如确认无误后，单击 Finish 按钮，创建新工程。

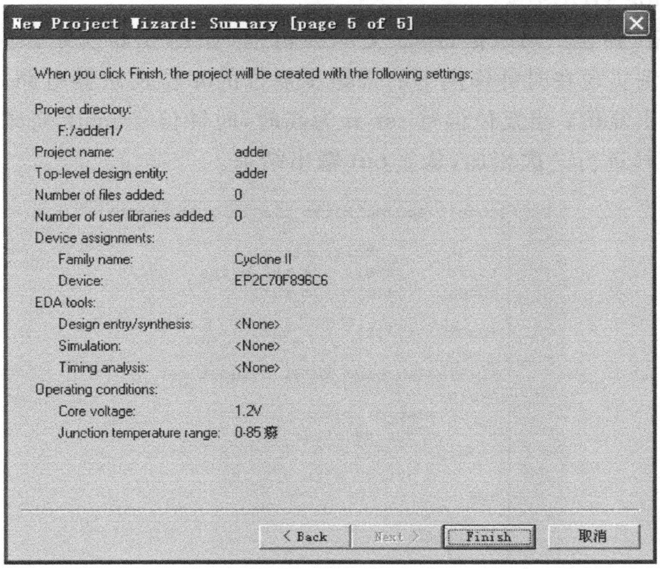

图 3.6　工程信息概要

2．设计输入

1）新建 Verilog HDL 文本文件

单击 File->New 命令，弹出新建文件对话框，如图3.7所示，选择 Verilog HDL File 选项，新建一个 Verilog HDL 的文本文件。

图3.7　新建文件对话框

2）输入 Verilog HDL 代码

单击 OK 按钮，弹出 Verilog HDL 文本编辑框，如图3.8所示，输入相应的 Verilog HDL 代码。本实例实现在时钟作用下的带异步复位的4位加法器电路，当复位信号 rst_n 为低时，加法器输出复位；当复位信号 rst_n 为高时，时钟信号 mclk 每来一个脉冲，加法器对 a_in、b_in 的信号进行一次相加，从 c_out 输出结果。

```
1    module add(mclk,rst_n,a_in,b_in,c_out);
2
3    input       mclk, rst_n;
4    input   [3:0]   a_in, b_in;
5    output  [4:0]   c_out;
6
7    reg     [4:0]   c_out;
8
9    always@(posedge mclk, negedge rst_n)
10   begin
11       if(!rst_n)
12           c_out <= 5'h0;
13       else
14           c_out <= a_in + b_in;
15   end
16
17   endmodule
18
```

图3.8　Verilog HDL 文本编辑框

3）保存 Verilog HDL 代码

单击工具栏上的 ▣ 按钮,保存编辑好的 Verilog HDL 文本文件,弹出"另存为"对话框,如图 3.9 所示。文件名默认与实体名一致,不要修改。当 FPGA 工程中只有一个设计输入文件时,工程名、文件名、实体名三者应保持一致。

图 3.9　"另存为"对话框

3. 综合

单击工具栏上的 ▣ (Analysis&Synthesis)按钮,对工程文件进行分析和综合,这时 Quartus Ⅱ界面不断变化,综合结束后产生的界面如图 3.10 所示,该界面显示了编译时的各种信息。如果编译不成功,则在信息显示窗口给出错误和警告,可根据提示错误和警告进行相应的修改,然后再重新编译,直到没有错误提示为止。

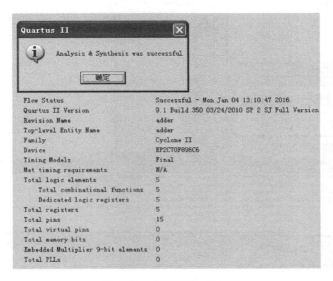

图 3.10　编译完成时界面

4. 功能仿真

1）创建文件

在菜单栏中单击 File→New 命令，弹出新建对话框，如图 3.11 所示。在该对话框中选择 Vector Waveform File 选项，单击 OK 按钮，弹出矢量波形文件编辑窗口，如图 3.12 所示。

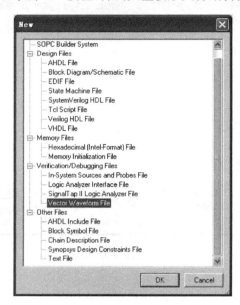

图 3.11　建立矢量波形文件

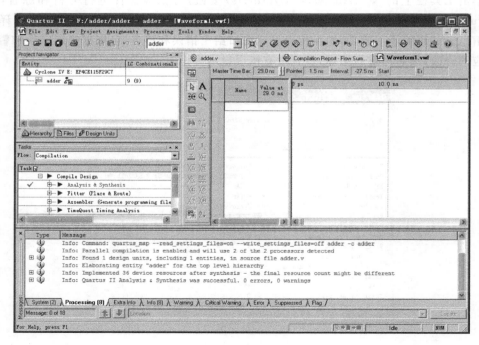

图 3.12　矢量波形编辑窗口

2）添加管脚或节点

双击图 3.12 中 Name 下方空白处,弹出 Insert Node or Bus 对话框,如图 3.13 所示。

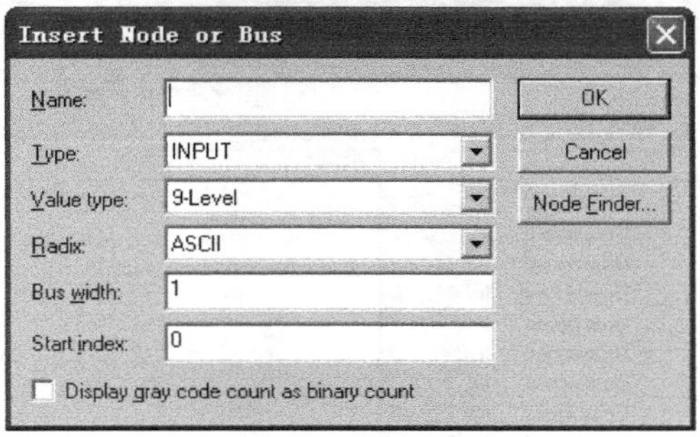

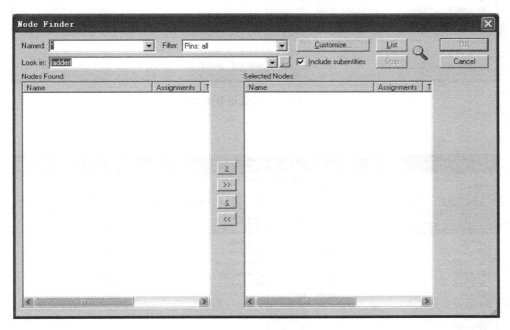

图 3.13　Insert Node or Bus 对话框

单击 Node Finder 按钮,弹出 Node Finder 对话框,如图 3.14 所示。

图 3.14　Node Finder 对话框

在 Filter 下拉列表框中选择 Pins:all 选项后,单击 List 按钮,弹出设计文件管脚列表窗口,如图 3.15 所示。在 Nodes Found 列表框中列出了设计文件的所有管脚列表。

在该列表中双击需要的管脚,选中的信号将出现在右边的一侧,或者单击 >> 按钮全部选择,如图 3.16 所示。需要注意的是,本例中,a_in、b_in、c_in 为总线信号,左列中,它们既以总线方式列出,又以各节点信号列出,只需要选中总线方式就可以了。注意:如果重复选择,信息栏中会弹出警告对话框。

单击 OK 按钮。返回 Insert Node or Bus 对话框,如图 3.17 所示,为方便观察波形,可以在 Radix 下拉列表框中选择 Unsigned Decimal 选项,以十进制的形式表示相应数字。

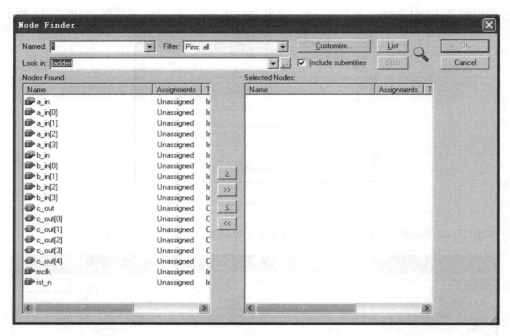

图 3.15　输入/输出管脚列表

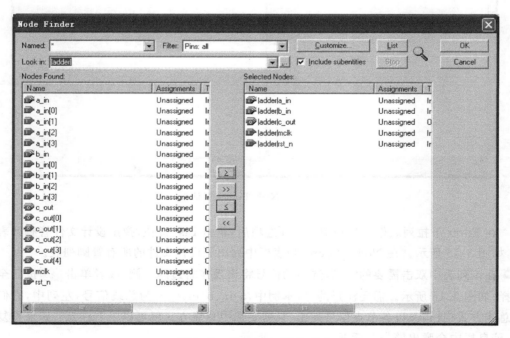

图 3.16　选择输入/输出节点

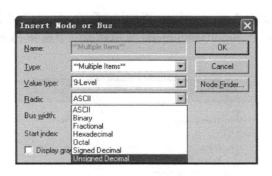

图 3.17　查找节点后的 Insert Node or Bus 对话框

单击 OK 按钮后,选中的输入/输出管脚就出现在波形编辑窗口的 Name 栏中,管脚添加成功,如图 3.18 所示。

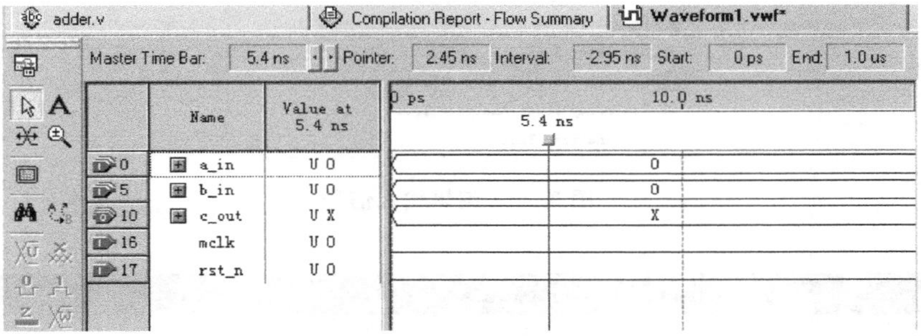

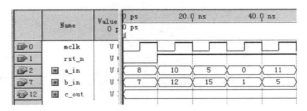

图 3.18　添加节点后的矢量波形编辑窗口

3) 编辑输入波形并保存

波形观察窗的左边是输入管脚,在同行的右边可以编辑波形。使用时,可以通过拖动管脚名调整管脚顺序,选中左边的输入管脚名,再在右边用鼠标在输入波形上拖出一块需要改变的黑色区域,然后单击左边工具栏的有关按钮,即可进行低电平、高电平、任意、高阻态、反相和总线数据等各种设置。若是时钟信号,则单击时钟信号的 🔀,出现时钟信号设置对话框,单击 OK 按钮即可设置时钟信号。根据要求,将 mclk 设为时钟信号,a_in、b_in 设为随机,rst_n 先复位 2 个周期,各输入信号的波形设置成如图 3.19 所示。然后单击 🔳 保存文件,文件默认为 adder.vwf,不要修改。

图 3.19　编辑输入信号

4) 功能仿真

在 Quartus Ⅱ 的菜单栏中选择 Processing→Generate Functional,生成功能仿真网表,

如图 3.20 所示，然后选择 Assignments→Setting 命令，弹出设置仿真类型对话框，单击 Simulator Settings 选项，在 Simulation mode 下拉列表框中选择 Functional 选项，如图 3.21 所示。

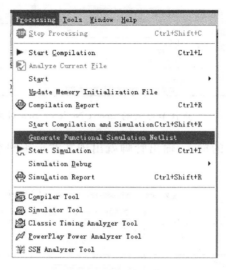

图 3.20　编辑输入信号

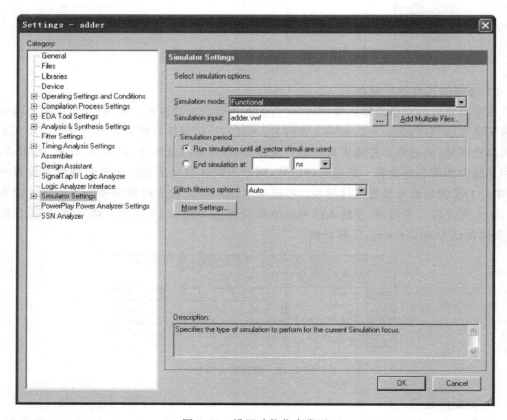

图 3.21　设置功能仿真类型

　　然后单击 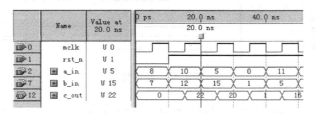 按钮进行功能仿真,仿真结果如图 3.22 所示。从仿真波形可以看出,功能仿真只对功能进行仿真,没有包含任何时序延迟,c_out 是 a_in 和 b_in 相加的结果,仿真结果正确无误。

图 3.22　功能仿真

5. 编译适配

　　单击工具栏上的 ▶ 按钮,对工程文件进行编译适配,编译结束后生成的编译结果界面如图 3.23 所示。该界面显示了编译时的各种信息,和之前综合的信息进行对比,可以看出适配已经关联上了具体的器件资源。

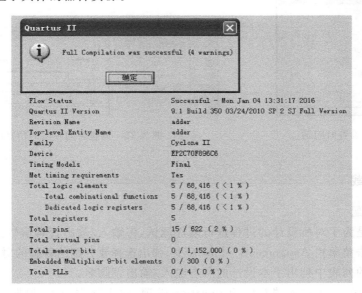

图 3.23　编译完成时界面

6. 时序仿真

　　选择 Quartus Ⅱ 菜单栏中 Assignments→Setting 命令,选择 Simulator Settings 选项,在 Simulation mode 下拉列表框中选择 Timing 选项,然后单击工具栏的 ▶ 按钮,开始时序仿真,验证时序是否符合要求。结果如图 3.24 所示,可以看出,由于器件延时较长,信号变化太快,出现了竞争冒险现象,结果不够理想。

　　因此,在仿真时,需要将时钟信号的周期的单位时间设置得稍长一些,以便减少器件延

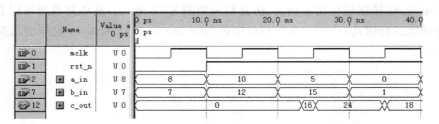

图 3.24　时序仿真

时。回到波形编辑界面,依次单击 Edit→Grid Size 命令,将 Time period 从 10ns 调整为 100ns,如图 3.25 所示。

　　确定后,回到波形编辑界面,通过按住 Ctrl+鼠标滚轮对波形进行放大缩小,再次根据新的时间轴,调整输入信号的波形。保存后,再次单击工具栏的 ▶ 按钮,结果如图 3.26 所示,可以看出,这时候的结果就正确了,如果觉得仿真时间较短,可以通过单击 Edit→End Time 命令来调整时间,具体过程不再介绍。

图 3.25　设置时间轴

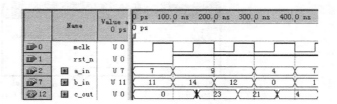

图 3.26　调整时间轴后的仿真波形

7. 编程下载

1)管脚分配

　　分配管脚是为了对所设计的过程进行硬件测试,将输入/输出管脚信号锁定在目标器件的管脚上。单击菜单栏 Assignments→Pins 命令,弹出选择要分配的管脚的对话框,如图 3.27 所示。在下方的列表中列出了本设计的所有输入/输出管脚名。

　　在图 3.27 中,双击输入端对应的 Location 选项,弹出管脚列表,根据实验板的管脚分配说明,对输入/输出管脚进行分配,如图 3.28 所示。

2)下载验证

　　下载验证是将所做设计生成的文件通过计算机下载到实验电路板上,用来验证本次设计是否符合要求的一道流程,其步骤如下:

(1)编译适配。

　　分配完管脚后必须经过再次编译适配,这样才能存储管脚锁定的信息,单击编译按钮 ▶ 执行再次编译。如果编译出现问题,可以对器件重新设置。

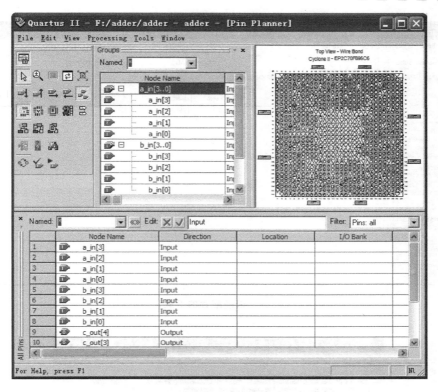

图 3.27　选择要分配的分配管脚

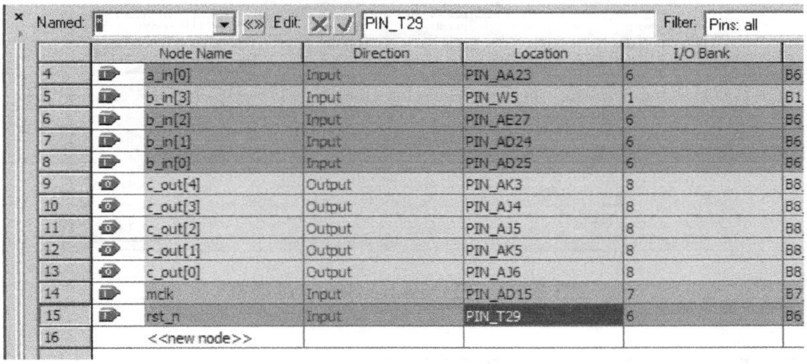

图 3.28　完成所有管脚的分配

（2）配置下载电缆。

在 Tools|Progammer 命令，弹出未经配置的下载窗口，如图 3.29 所示。

单击 Hardware Setup 按钮，弹出 Hardware Setup 对话框，如图 3.30 所示。

单击 Add Hardware 按钮，弹出下载电缆选择对话框。在 Hardware Type 一栏中选择 ByteBlasterMV or ByteBlaster Ⅱ，单击 OK 按钮，完成设置。

（3）JTAG 模式下载。

JTAG 模式是 Quartus Ⅱ软件默认的下载模式，其相应的下载文件为 .sof 格式，选中下载文件右侧的小方框，如图 3.31 所示。

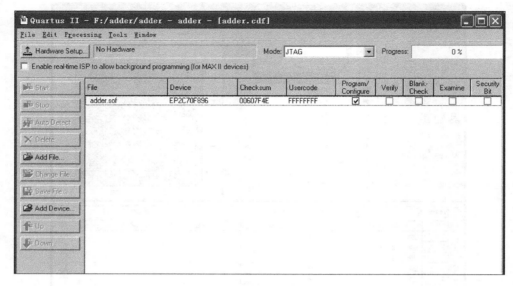

图 3.29　未经配置的下载窗口

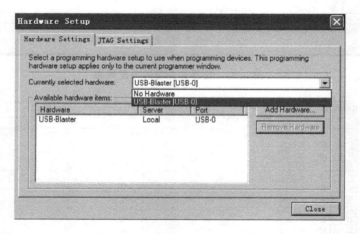

图 3.30　Hardware Setup 对话框

File	Device	Checksum	Usercode	Program/Configure	Verify	Blank-Check	Examine	Security Bit	Erase	ISP CLAMP
adder.sof	EP2C70F896	00607BC4	FFFFFFFF	☑	☐	☐	☐	☐	☐	☐

图 3.31　选择下载文件

　　将下载电缆连接好后，单击 Start 按钮，计算机就开始下载编程文件。下载完后结果如图 3.32 所示，这时，就可以通过改变从实验板上的按键，看到 LED 灯表示的结果。

图 3.32　JTAG 模式下载完毕

　　(4) 未使用管脚设置。

　　在将文件下载到 FPGA 实验板上之后，有时候会发现很多没有使用的 LED 灯也发出微光，这是因为 Quartus Ⅱ默认将未使用管脚设置为弱上拉模式(通过大电阻接 V_{cc})，要使这些不用的 LED 不发光,需要对 FPGA 器件进行设置,在菜单栏单击 Assignments→ Device 命令进入 FPGA 器件设置窗口,如图 3.33 所示,单击 Device and Pin Options 按钮,在出现图 3.34 所示的对话框中选择 Unused Pins 选项卡,在 Reserve all unused pins 下拉列表框中,选择 As input tri-stated 选项,单击“确定”按钮,这样,所有未使用的管脚都设置为输入三态,就不会再出现 LED 微亮的情况了。然后,重新通过 JTAG 模式进行下载配置。

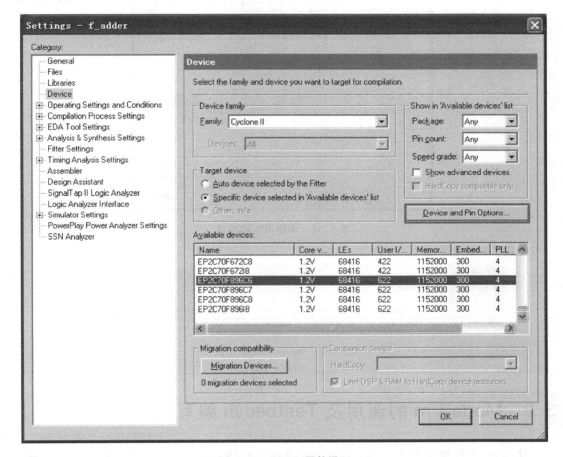

图 3.33　FPGA 器件设置

（5）Active Serial 模式。

JTAG 模式是直接通过下载验证,由于 FPGA 中 SRAM 的易失性,每次断电后就需再次下载配置,如果需要通过 FPGA 的 Flash 配置芯片每次启动都自动上电配置的话,就要采用 Active Serial 模式对 FPGA 的配置芯片进行烧录,下载文件为 .pof 格式,在 Mode 一栏中选择 Active Serial 选项,弹出提示框,单击“是”按钮,然后在 Add File 里添加选择文件 adder.pof,选中下载文件右侧的小方框,将下载电缆连接好后,单击 Start 按钮,开始下载编程文件。下载完成后结果如图 3.35 所示。

对于大多数设计来说,到此就完成了。

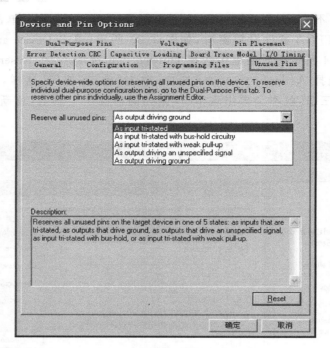

图 3.34　未使用管脚设置

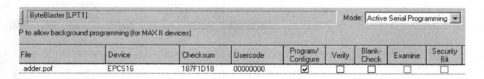

图 3.35　Active Serial 模式

3.2　Modelsim 的调用及 Testbench 编写

　　Verilog 程序结果正确与否可以通过仿真进行验证；Quartus 10 以前的版本可以通过
Quartus 自带的 Vector Waveform 工具进行仿真，但是，与第三方工具 Modelsim 相比较，自
带仿真工具无论从功能上还是速度上都有一定的差距，业界大多采用 Modelsim 进行功能
和时序仿真。于是，从 Quartus 10 开始，Altera 公司就去掉了自带的仿真工具，并在
Quartus 中内置了 Modelsim-Altera 软件供仿真使用，通过 Modelsim 仿真的核心是编写测
试平台文件（testbench），本节将学习如何通过 Quartus 11.0 对 ModelSim 进行无缝调用，
并通过编写 Testbench 实现简单的波形仿真。这里所采用的 Modelsim 版本为 Modelsim-
Altera se6.6d。

1. 建立工程，编译源程序

　　首先按照 3.1 节的方法，新建一个 adder 的工程，加入需要进行仿真的源程序，并对其

进行编译,其代码如图 3.36 所示。

由于代码与 3.1 节的代码一模一样,此处不再进行分析诠释。

2. 设置第三方 EDA 工具

在 Tools→Options→EDA Tools Options→Modelsim-Altera 中设置 Modelsim-Altera 的安装路径,注意要设置到 win32 aloem 文件夹,如图 3.37 所示。

在 Assignments → Settings → EDA Tool Settings→Simulation→Tool name 中设置仿真工具为 ModelSim-Altera,同时设置仿真文件的格式为 Verilog HDL,如图 3.38 所示,这样 Quartus 就能无缝调用 ModelSim-Altera 了。

当然,也可以在新建工程的时候设置仿真工具,如图 3.39 所示。

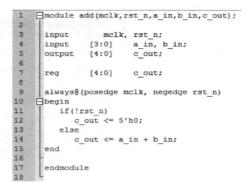

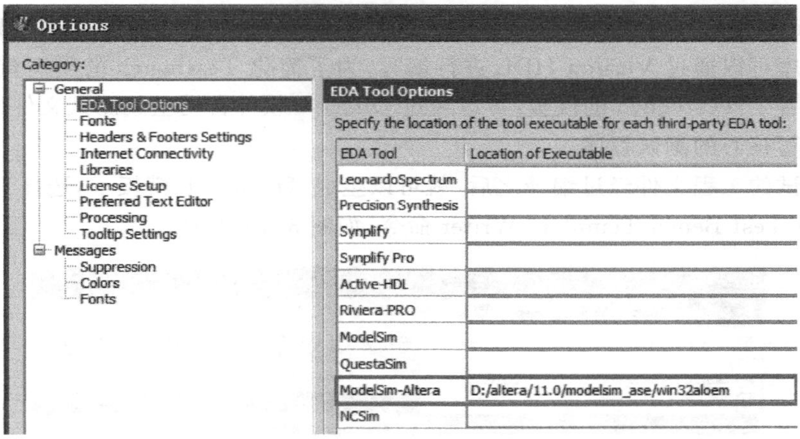

```verilog
1   module add(mclk,rst_n,a_in,b_in,c_out);
2
3       input       mclk, rst_n;
4       input   [3:0]    a_in, b_in;
5       output  [4:0]    c_out;
6
7       reg     [4:0]    c_out;
8
9       always@(posedge mclk, negedge rst_n)
10      begin
11          if(!rst_n)
12              c_out <= 5'h0;
13          else
14              c_out <= a_in + b_in;
15      end
16
17      endmodule
18
```

图 3.36　仿真源代码

图 3.37　Modelsim 路径设置

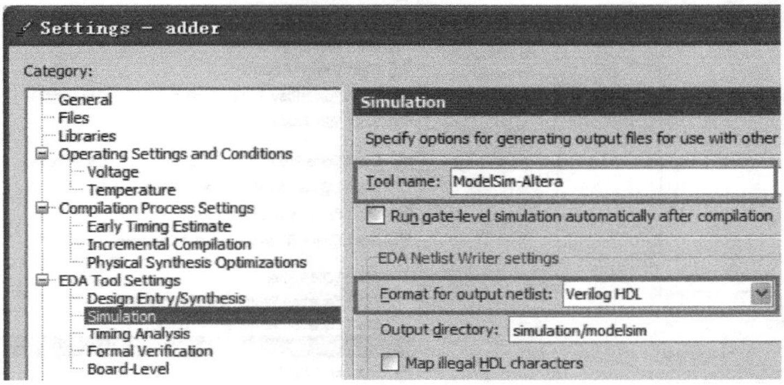

图 3.38　仿真工具的设置

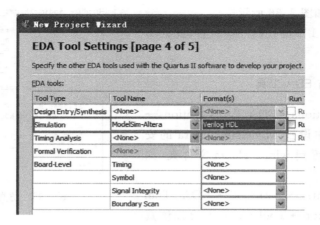

图 3.39　新建工程的仿真工具设置

3．编写 Testbench

Testbench 是给待测模块提供激励输入和检测被测模块输出响应的一个测试平台，测试平台的程序可以通过 Verilog HDL 进行编写，为了简化 Testbench 的编写流程，Quartus 为设计师准备了 Testbench 的模板，可以通过 Quartus 软件自动生成测试文件的大概框架，我们只需编写核心的测试程序。

将待测试的工程文件经过编译之后，就可以生成 Testbench 模板了，选择 Processing→Start→Start Test Bench Template Writer 命令，如图 3.40 所示。

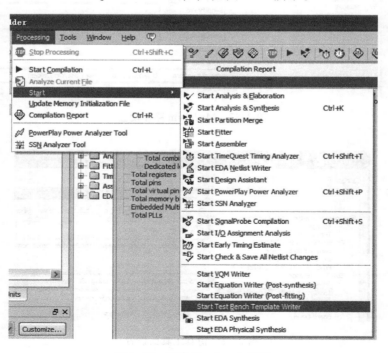

图 3.40　新建 Testbench 模板

等待完成后，可以从信息栏里看到生成的 Testbench 所在的位置，默认是保存在 simulation\modelsim 文件夹下的 .vt 格式文件，如图 3.41 所示。

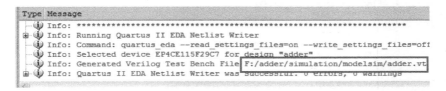

图 3.41　生成的 Testbench 文件保存位置

进入导航栏的 Files 栏下，双击 Files 文件夹，在 File name 方框中加载 .vt 文件，要注意的是，需要在文件类型中选择 * .vt 格式的文件类型，加入 adder.vt 文件到 Files 文件目录下，如图 3.42 所示。

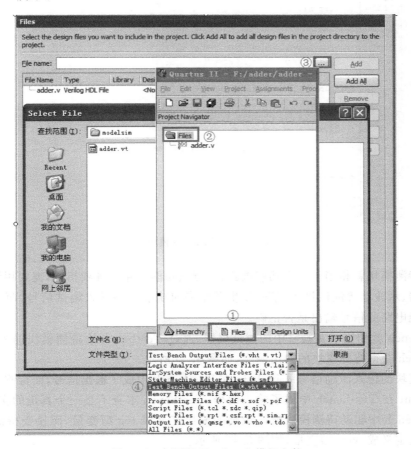

图 3.42　打开的 Testbench 模板文件

在 Files 文件夹下，应该包含有 adder.v 的源程序文件和 adder.vt 的 Testbench 文件，如图 3.43 所示。

双击打开 .vt 文件后，可以看到 Quartus 已经

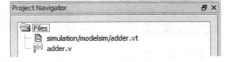

图 3.43　加入测试文件后的目录

完成了一些基本工作,如图 3.44 所示。

```verilog
1    `timescale 1 ns/ 1 ps
2    module adder_vlg_tst();
3    // constants
4    // general purpose registers
5    reg eachvec;
6    // test vector input registers
7    reg [7:0] a_in;
8    reg [7:0] b_in;
9    reg mclk;
10   reg rst_n;
11   // wires
12   wire [8:0]  c_out;
13
14   // assign statements (if any)
15   adder i1 (
16   // port map - connection between master ports and signals/registers
17      .a_in(a_in),
18      .b_in(b_in),
19      .c_out(c_out),
20      .mclk(mclk),
21      .rst_n(rst_n)
22   );
23   initial
24   begin
25   // code that executes only once
26   // insert code here --> begin
27
28   // --> end
29   $display("Running testbench");
30   end
31   always
32   // optional sensitivity list
33   // @(event1 or event2 or .... eventn)
34   begin
35   // code executes for every event on sensitivity list
36   // insert code here --> begin
37
38   @eachvec;
39   // --> end
40   end
41   endmodule
42
```

图 3.44　Testbench 的模块代码

　　一个待测模块就相当于一个功能电路,要测试功能电路的各项指标,需要用到实验室的信号发生器、示波器等测试设备,信号发生器用来向功能电路输入测试信号,而示波器则用来观察功能电路的信号输出是否正确。

　　Testbench 就相当于实验室中的测试仪器,通过 Testbench 给待测模块输入激励,并通过 Testbench 获得待测模块的输出响应,如图 3.45 所示。

　　待测模块的输入激励信号 a_in、b_in 在 Testbench 中成了输出信号,而待测模块中的输出信号 c_out 在 Testbench 中成了输入信号,Testbench 本身不是一个真正的实体电路,所以将 Testbench 中驱动待测模块输入激励的输出定义成 reg 型变量,而接受待测模块输出响应的输入定义成 wire 型变量,如图 3.46 所示。

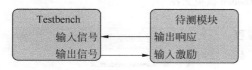

图 3.45　Testbench 与待测模块的关系

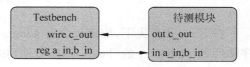

图 3.46　Testbench 与待测模块的关系

一个最基本的 Testbench 包含三个部分：信号定义、模块接口和功能代码。

代码中已经包括有端口部分的信号定义和模块接口变量的声明，我们要做的就是在这个做好的模具里添加需要的测试代码。

在测试代码中，第 1 行的`timescale 1 ns/ 1 ps 表示仿真的单位时间为 1ns，精度为 1ps。想要修改单位时间和精度可以到 Settings 当中修改，也可以在程序中直接修改。

在测试代码中，第 2 行至 12 行定义了测试模块的变量类型，第 15～22 行引用了待测模块的端口实例并命名为对应的名称，测试代码中，第 5 行定义的 reg eachvec 作为通用型寄存器变量，在本实例中无用，所以可以将第 5 行和第 38 行的代码去掉，以免影响测试结果。

在测试代码中，$display("Running testbench")为系统函数，它会在 modelsim 的交互窗口中显示 display 函数( )内的相应信息，当仿真内容比较多的时候，通过在不同位置设置 disply 函数可以通过交互信息知道仿真进行到哪一步了。

在测试代码中，从第 23 行到最后，设置了激励信号的大概框架，激励信号可以通过 initial 和 always 两种语句实现，其中 initial 语句内的内容只执行一次，一般用于非重复性的信号赋值，比如复位信号、输入数据、控制信号等；而 always 语句内的内容可以重复执行，一般用于重复性信号的赋值，比如时钟信号。具体的语法规则请参考前面学过的相应语法。

本实例需要给待测模块的复位信号 rst_n，时钟信号 mclk 以及输入信号 a_in、b_in 以相应的激励。

首先是复位信号 rst_n，只需要在最开始进行复位，之后就无须复位了，所以将 rst_n 放在 initial 中。

```
initial
begin
    rst_n = 0;
  #100 rst_n = 1;
end
```

在代码中，#100 表示延时了 100 个时间单位，我们之前已经通过 timescale 进行了设置——时间单位为 1ns，可以看出，这几行语句的意思是：rst_n 在 0 时刻为低电平(也就是逻辑 0)，100ns 后变成高电平，从而形成了一个上电复位。

其次是时钟，由于时钟是重复性信号，所以，使用 always 语句来完成时钟的赋值：

```
initial
begin
  mclk = 0;
end

always
begin
#10 mclk = ~mclk;
end
```

always 模块中的代码会不断重复执行，利用这个特点，每 10ns 翻转一次 mclk，只是这样还不行，还要给 mclk 一个初值，就是上面的 initial 语句。如此便可以生成一个周期为 20ns、频率 50MHz 的方波信号，作为本例的系统时钟。

当然,这个时钟也可以通过 initial 模块实现。只需添加一个 while(1),即死循环。

```
initial
begin
mclk = 0;
 while(1)
#10 mclk = ~mclk;
end
```

设置完时钟和复位,就需要设置输入信号:

```
initial
begin
        a_in = 1;
        b_in = 3;
   #200 a_in = 2;
        b_in = 0;
   #200 a_in = 3;
        b_in = 3;
   end
```

在 initial 语句中,如果两个语句间没有延时,就表示并行执行。所以,begin 后面的 a_in = 1 和 b_in = 3 是同时发生的,也就是并行的。之后延时 200ns,a_in = 2,同时 b_in = 0。

initial 语句之间是并行执行的,这个 initial 语句块和负责复位的 initial 语句块是并行的,并且都是从 0 时刻开始。也就是说,0 时刻后经过 100ns rst_n 复位,再经过 100ns(从 0 时刻开始,在 200ns 时刻),a_in = 2,b_in = 0 被执行。当然也可以将几个 initial 语句写到一个里面。

至此,测试程序也就完成了,在调用仿真工具之前,一定要对 testbench 进行保存或对整个工程进行一次编译,具体程序如图 3.47 所示。

```
1    `timescale 1 ns/ 1 p
2    module add_vlg_tst()
3     reg [3:0] a_in;
4     reg [3:0] b_in;
5     reg mclk;
6     reg rst_n;
7
8     wire [4:0]  c_out;
9
10    add i1 (
11
12       .a_in(a_in),
13       .b_in(b_in),
14       .c_out(c_out),
15       .mclk(mclk),
16       .rst_n(rst_n)
17    );
18    initial
19    begin
20       rst_n=0;
21       #100 rst_n=1;
22    end
23

24    initial
25    begin
26              mclk = 0;
27    end
28
29    always
30    begin
31       #10    mclk = ~mclk;
32    end
33
34    initial
35    begin
36              a_in = 1;
37              b_in = 3;
38       #200   a_in = 2;
39              b_in = 0;
40       #200   a_in = 3;
41              b_in = 3;
42    $display("Running testbench");
43    end
44    endmodule
45
46
```

图 3.47　Testbench 的具体代码

4. 设置 Quartus 并调用仿真工具

运行仿真之前，还要设置一下。在 Assignments→Settings→EDA Tool Settings→Simulation 中设置仿真时间为 1ns，同时选中 Compile test bench 单选按钮，单击 Test Benches 按钮，打开 Test Benches 对话框，如图 3.48 所示。

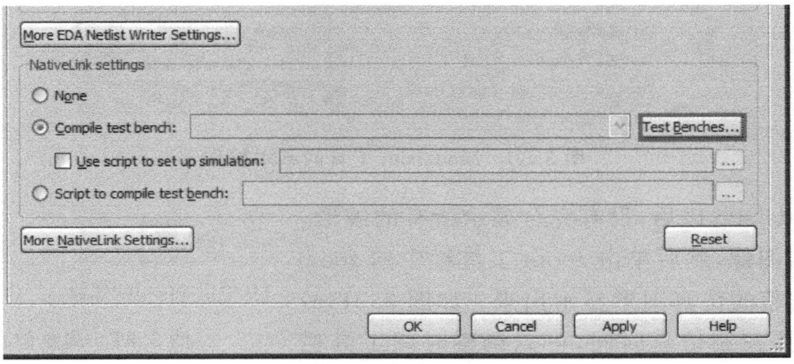

图 3.48　调用 Modelsim 前的设置(1)

单击 New 按钮，新建一个 Test BenchSetting，填入 Testbench 模块的名称(模块名请看仿真文件，这里是 adder_vlg_tst)酌情设置仿真运行的时间(这里设为 800ns，如果不设的话，仿真的波形就不可控了)，并将刚才编写的 Testbench 添加进来，如图 3.49 所示。

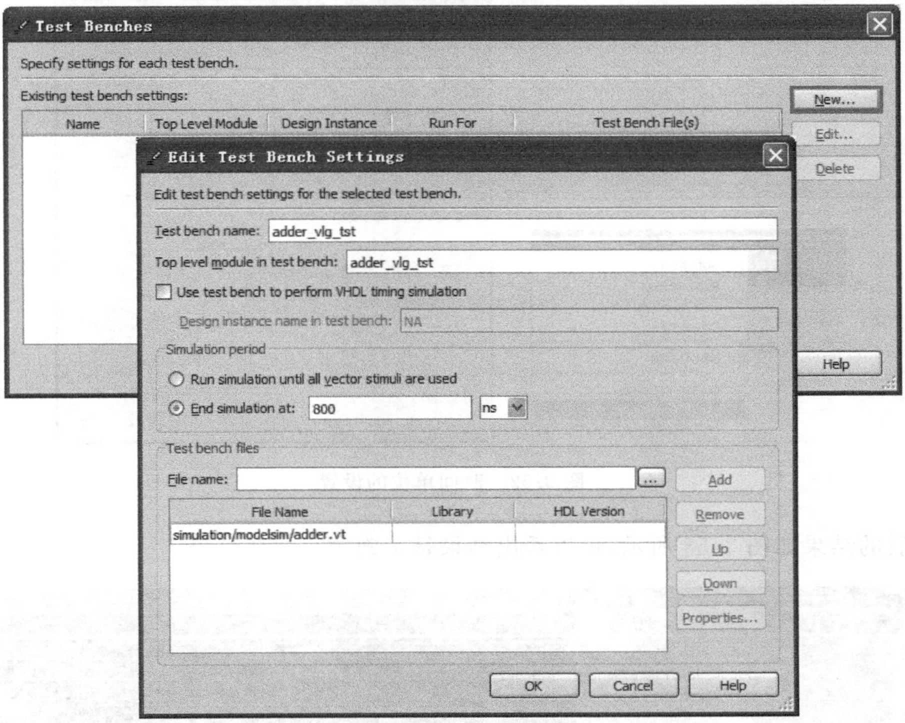

图 3.49　调用 Modelsim 前的设置(2)

设置完毕后,选择 Tools→Run EDA Simulation Tools 命令,有两个选项,如图 3.50 所示,RTL Simulation 是 RTL 行为级仿真,只验证功能是否正确,与在哪个芯片上运行无关; Gate Level Simulation 是门级仿真,涉及具体的芯片。这里主要进行 RTL 行为仿真。运行 RTL Simulation 就可以进入 Modelsim 仿真界面了(如果 testbench 代码有误,可以重新修改,每次修改完后务必保存,同时在运行 RTL Simulation 前需关闭以前打开的 Modelsim 界面)。

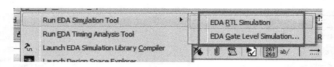

图 3.50　Modelsim 工具的基本操作

进入 Modelsim 以后,没有完全显示所有的波形,此时需要单击图像,然后单击 zoom 工具栏中的 zoom full 按钮,将完整的仿真图形显示出来。如图 3.51(a) 所示,如果需要控制仿真时间,可以调整时间工具栏中的相应箭头进行设置,如图 3.51(b)所示。

(a) 单击zoom full按钮　(b) 调整仿真时间

图 3.51　调整仿真设置

仿真波形的时间轴默认显示的是 ps,而我们在设置信号的时候一般是以 ns 为单位,看时间很不方便,可以通过在时间轴上右击,选择 Grid&Timeline Properties 命令进行时间单位的设置,如图 3.52 所示。

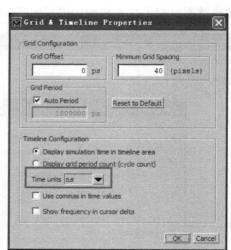

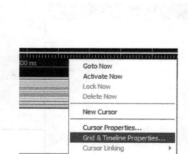

图 3.52　时间单位的设置

最后的结果如图 3.53 所示,可以看出结果是正确的。

图 3.53　仿真结果

　　如果面对许多0101时感觉很晕,可以在信号列表里选中信号,右击选择要显示的数据格式,如图3.54所示。

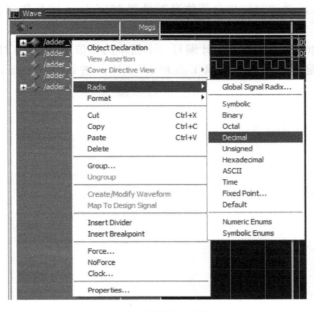

图 3.54　数据格式的设置

　　在 Wave 波形图中,使用滚轮和鼠标右键可以很方便地缩放或选择波形区域,图 3.55就是转换数据格式以后的波形图,在复位之后,c_out 的值等于 a_in 与 b_in 的和,并在时钟上升沿输出。

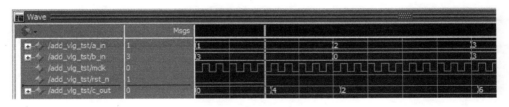

图 3.55　转换数据格式后的波形

　　3-1　请通过 Quartus Ⅱ 工具设计一个三输入与非门电路,要求写出源程序,给出 RTL结构电路图并通过软件自带仿真工具和 Modelsim 进行仿真验证,并给出时序仿真波形图。

　　3-2　请通过 Quartus Ⅱ 工具设计编写一个 8 位移位寄存器,要求写出源程序,给出RTL 结构电路图并通过软件自带仿真工具和 Modelsim 进行仿真验证,并给出时序仿真波形图。

　　3-3　请通过 Quartus Ⅱ 工具设计一个七进制加法计数器,要求写出源程序,给出 RTL

结构电路图并通过软件自带仿真工具和 Modelsim 进行仿真验证,并给出时序仿真波形图。

3-4　请通过 Quartus Ⅱ工具设计以状态机的方式设计 1011 序列检测器,要求写出源程序,给出状态转换图并通过软件自带仿真工具和 Modelsim 进行仿真验证,并给出时序仿真波形图。

3-5　请通过 Quartus Ⅱ工具设计编写一个简单的 8 位 LED 流水灯,要求写出源程序,给出状态转换图并通过软件自带仿真工具和 Modelsim 进行仿真验证,并给出时序仿真波形图。

第 **4** 章

Verilog HDL设计进阶

在数字系统设计中,包括组合逻辑电路设计以及时序电路设计,本章分别讨论组合电路以及时序电路两种电路设计方法,并分别列举经典实例进行讲解说明,此外,本章最后讲解有限状态机的基本编写方式。

4.1 Verilog HDL 组合电路设计

组合逻辑电路是数字系统设计的基础,在硬件电路中,组合逻辑电路应用非常广泛,比如加法器、乘法器以及选择器等,本节着重介绍了数字系统的常见描述方式,并基于三种描述方式,对组合逻辑电路的模块编写进行深入分析,并列举经典实例进行对比说明。

4.1.1 Verilog HDL 设计的不同描述方式

组合逻辑电路在逻辑上的特点是输出信号在任何时刻仅仅跟当前输入信号相关,而与原来的电路的状态无关,在数字系统设计中,主要包括门级结构描述、行为级描述以及数据流描述三种描述方式。

1. 门级结构描述

在组合电路中,一个数字逻辑网络通常是由大量的逻辑门组成,因此可以用逻辑门的模型对逻辑网络进行直观描述。Verilog HDL 语言提供了几种最基本的门级结构类型关键字,可以用来进行门级结构建模。

表 4.1 列出了 7 个最基本的门类型关键字及其所表示的门的类型。

表 4.1 门类型关键字及其门类型表

门类型关键字	门类型
and	与门
nand	与非门
or	或门
nor	或非门
not	非门
xor	异或门
xnor	同或门

如表 4.1 所示,我们可以引用一种门类型进行门级网络的描述,具体声明语句如下:

门类型关键字　♯时间单位　门名字(门输出端口,门输入端口 1,门输入端口 2,…,门输入端口 n);

下面通过具体实例来深化理解:

and ♯5 ad1(q,a,b,c);

解释如下,通过门级结构的代码编写,电路中引入一个三输入与门,输入端口为 a、b、c,输出端口为 q,与门名为 ad1,并延迟 5 个时间单位执行。

在门级结构引入中,如果没有延时要求,延迟时间单位可缺省,具体声明语句如下:

门类型关键字　门名字(门输出端口,门输入端口 1,门输入端口 2,…,门输入端口 n);

下面通过一个具体实例来深化理解:

not iv1(q,a);

解释如下:电路中引入一个非门,输入端口是 a,输出端口为 q,非门名为 iv1。

了解一个门器件的描述方法之后,便可以对一个包含多个门器件组成的门级网络进行门级描述。

例 4-1　用基本逻辑单元门描述半加器硬件电路。

如图 4.1 所示,从半加器的硬件电路中可以看出,电路包含两个基本门器件:一个异或门以及一个与门,具体硬件代码编写如下:

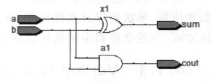

图 4.1　半加器硬件电路*

```
module h_adder (a,b,sum,cout);
    input a,b;
     output sum,cout;

     xor x1(sum,a,b);
     and a1(cout,a,b);
endmodule
```

代码注释

从硬件代码中可以看出:

(1) 半加器模块名字为 h_adder;

(2) 两个输入端口为 a、b,两个输出端口分别为一个和运算输出 sum,一个进位输出 cout;

(3) 通过 a 与 b 进行异或门运算可得和运算输出 sum,通过 a 与 b 进行与运算可得进位输出 cout。

仿真结果

如图 4.2 所示,当 a=1,b=0 时,cout=0,sum=1;当 a=1,b=1 时,cout=1,sum=0。

＊　本章电路图为软件自动生成,故未改为国标符号。

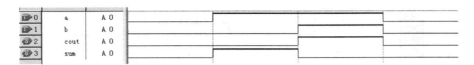

图 4.2　半加器电路时序图

2．行为级描述

在数字电路系统中，把系统级、算法级以及 RTL 级三种描述统称为行为级描述方式，行为级描述也是在数字电路系统中最常见、最重要的描述方式，对于行为级描述，最常见的语法是采用 always 过程语句进行实现，此外通常配套使用 if…else 条件语句以及 case 选择语句，特点是当在对一个硬件进行描述时，完全不用考虑电路的具体组成结构，只需要对输入与输出信号的行为进行描述即可，这样在进行大规模硬件电路数字系统设计的时候，可以节省很多的精力。

下面通过两个具体实例加深理解。

例 4-2　如图 4.3 所示，用行为描述方式以及 if…else 条件语句实现二选一选择电路的代码编写。

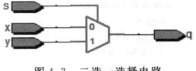

图 4.3　二选一选择电路

具体硬件代码如下：

```
module mux2_1 (s,x,y,q);

    input s,x,y;
    output q;

    reg q;

always @(s,x,y)
  begin
    if(s) q = y;
    else q = x;
  end

endmodule
```

代码注释

从硬件代码中可以看出：

（1）二选一选择电路名字为 mux2_1；

（2）包含四个端口，其中输入端口为 s、x、y，输出端口为 q；

（3）由于输出 q 出现在 always 语句左手边，所以输出 q 为寄存器类型，其他端口为线网型；

（4）使用 always 语句，控制电平分别为 s、x、y，运用 if…else 条件语句并根据选择信号 s 值的不同进行二选一选择输出。

仿真结果

如图 4.4 所示，当 s＝1 时，q＝y；当 s＝0 时，q＝x。

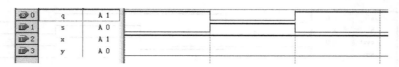

图 4.4 二选一选择电路仿真图

例 4-3 同样如图 4.3 所示,用行为描述方式以及 case 语句实现二选一选择电路的代码编写。

具体硬件代码如下:

```
module mux2_1 (s,x,y,q);
    input s,x,y;
    output q;

    reg q;

always @(s,x,y)
  begin
    case (s)
    1'b1: q = y;
    1'b0: q = x;
    endcase
  end

endmodule
```

代码注释

从硬件代码中可以看出:

(1) 二选一选择电路名字为 mux2_1;

(2) 包含四个端口,其中输入端口为 s、x、y,输出端口为 q;

(3) 由于输出信号 q 出现在 always 语句左手边,所以输出信号 q 为寄存器类型,其他端口为线网型;

(4) 使用 always 语句,控制电平分别为 s、x、y,运用 case 语句并根据敏感电平 s 值的不同进行二选一选择输出。

仿真结果

与例 4-2 一致。

3. 数据流描述

数据流描述通过使用 assign 语句进行连续型赋值运算,assign 连续赋值语句,主要用于对 wire 型变量进行赋值,具体应用方式如下:

```
assign c = a&b;
```

在上面的赋值中,a、b、c 三个变量皆为 wire 型变量,a 与 b 进行与运算赋值给 c,并且 a、b 信号的任何变化,都将立刻反映到 c 上来,因此可以称为连续赋值方式。

下面通过具体实例加深理解。

例 4-4　如图 4.5 所示,通过数据流描述的方式对一位全加器的硬件电路进行代码编写。

具体硬件代码如下:

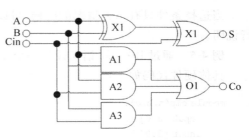

图 4.5　一位全加器硬件电路

```
module adder (a,b,cin,sum,cout);
    input a,b,cin;
    output sum,cout;

    assign sum = a^b^cin;
    assign cout = (a&b)|(b&cin)|(a&cin);

endmodule
```

代码注释

从硬件代码中可以看出:

(1) 一位全加器模块名字 adder;

(2) 模块包含五个端口,其中三个输入端口,a 和 b 为和运算输入,cin 为进位输入;两个输出端口,分别为和运算输出 sum 以及进位输出 cout;

(3) 采用 assign 连续赋值运算和运算输出 sum 以及进位输出 cout。

仿真结果

如图 4.6 所示,一位全加器电路,当 a=1,b=1,cin=1 时,cout=1,sum=1;当 a=0,b=1,cin=0 时,cout=0,sum=1。

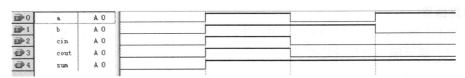

图 4.6　一位全加器时序图

4.1.2　选择电路的设计

在组合逻辑电路的系统设计中,最常见的电路便是选择电路,而在选择电路的编写中,可以采用三种不同的编写方法,分别为 if…else 语句、case 语句与多路选择器,本节将重点讲解在组合逻辑电路中,三种选择电路的编写方式以及应用实例。

if…else 语句和 case 语句的语法已经在第 2 章进行了说明,语法部分不过多介绍,本节内容主要通过具体实例说明如何通过 if…else 语句、case 语句与多路选择器三种选择电路的编写方式对组合逻辑电路进行设计。

1. if…else 语句

if…else 语句用来判定所给的条件是否满足,根据已知所给定条件对最后输出结果进行选择,在 Verilog HDL 代码编写中,可以单独使用 if 语句,也可配套使用 if…else,但是要注意不可单独使用 else 进行条件判断。

当选择条件只有两种情况的时候,可以用一个 if…else 语句实现,下面通过一个例子进行说明。

例 4-5　通过 if…else 语句设计一个 4 位比较器。

具体硬件代码如下:

```
module cmp(a,b,q);
    input [3:0] a;
    input [3:0] b;
    output q;
    reg q;

always @ (a,b)
  begin
    if (a>b) q = 1'b1;
    else     q = 1'b0;
  end
endmodule
```

代码注释

从硬件代码中可以看出:

(1) 4 位比较器模块名字 cmp;

(2) 模块包含三个端口:两个四位位宽输入宽口 a 和 b,一个一位位宽的输出宽口 q;

(3) 由于输出信号 q 在 always 过程块中等号左手边,所以输出信号 q 为 reg 类型;

(4) 根据 if…else 判断方式进行输出信号选择,当 a<b 时,输出 q 为 1;否则 q 为 0。

仿真结果

如图 4.7 所示,当 a=b=0 时,q=0;当 a=2,b=4,a<b 时,q=0;当 a=15,b=9,a>b 时,q=1。验证结果满足设计要求。

图 4.7　4 位比较器时序图

在例 4-5 中,选择情况只有两种,但是当选择情况有三种或者是三种以上的时候,一个 if…else 语句已经不能够对结果进行选择,在这种情况下,需要对 if…else 语句进行配套使用。下面通过一个具体实例进行说明。

例 4-6　用 if 语句实现一个自习时间日程表单元模块,具体电路功能如表 4.2 所示。

表 4.2　自习时间日程表

日　　期	自习时间
星期一到星期四	2 小时
星期五	3 小时
星期六	6 小时
星期日	4 小时

从表 4.2 可以看出：

自习时间日程单元模块包括两个端口：一个输入端口日期 date，一个输出端口 studytime；从题目中可知，日期范围是星期一到星期日，有 7 种情况，所以定义输入信号 date 为 3 位位宽，输出信号 studytime 最大值是 6，所以可以定义输出信号 studytime 为 3 位位宽。

具体硬件代码如下：

```
module study(date, studytime);
    input [2:0] date;
    output [2:0] studytime;

    reg [2:0] studytime;

    parameter Mon = 3'b001,
              Tue = 3'b010,
              Wed = 3'b011,
              Thu = 3'b100,
              Fri = 3'b101,
              Sat = 3'b110,
              Sun = 3'b111;

always @(date)
  begin
    if (date == Mon||date == Tue||date == Wed||date == Thu)
        studytime = 3'b010;
    else if (date == Fri)
        studytime = 3'b011;
    else if (date == Sat)
        studytime = 3'b110;
    else if (date == Sun)
        studytime = 3'b100;
    else
        studytime = 3'b000;
  end
endmodule
```

代码注释

从硬件代码可以看出：

（1）自习时间日程表模块名字为 study；

（2）模块有两个端口：一个三位位宽的输入信号 data 和一个三位位宽的输出信号 studytime；

（3）在 always 语句中，输出信号 studytime 出现在等号的左边，所以变量类型为 reg；

（4）用 parameter 语句分别对星期一到星期日进行数据编号，编号为 3'b001 到 3'b111；

（5）进入 always 语句，并使用 if 语句进行选择，当输入信号 date 等于星期一到星期四中的一个日期的时候，输出自习时间 studytime 为 2；当输入信号 date 等于星期五的时候，输出自习时间 studytime 为 3；当输入信号 date 等于星期六的时候，输出自习时间 studytime 为 6；当输入信号 date 等于星期日的时候，输出自习时间 studytime 为 4；当输入信号 date 不等于星期一到星期日中任何一个日期的时候,输出自习时间 studytime 为 0。

仿真结果

如图 4.8 所示,当 date＝3'b001 到 3'b110 中的一个数据的时候,输出信号 studytime＝3'b010,当 date＝3'b101 时,studytime＝3'b011,当 date＝3'b110 时,studytime＝3'b110,当 date＝3'b111 时,studytime＝3'b100,仿真结果符合要求。

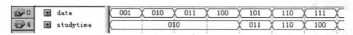

图 4.8　例 4-6 电路时序图

特别注意,在使用 if…else 条件语句的时候,如果语句描述不完整,根据锁存器的定义,整个硬件电路会出现锁存器,具体通过下面的例子讲解说明。

例 4-7　判断下面电路通过 Verilog HDL 描述是否出现锁存器,如果存在锁存器,如何进行改正?

```
module cmp(a,b,q);
    input a,b;
     output [1:0]q;
    reg [1:0] q;

always @(a or b)
  begin
    if (a<b) q = 2'b01;
     else if (a==b) q = 2'b10;
end

endmodule
```

代码分析:

从代码中可以看出,此题是对一个二输入比较器进行的描述,分别判断了 a 小于 b 以及 a 等于 b 时候的输出,但是要注意,当 a 大于 b 的时候输出是没有结果的,在这种时刻,整个硬件电路发生对输出数据的锁存,此时输出保持原有的数据,所以为了避免锁存器的发生,必须要把整个电路补充完整,可以在条件语句后面加上一条当 a 大于 b 时,输出结果为 2'b00。

代码修改如下:

```
module cmp(a,b,q);
    input a,b;
     output [1:0]q;

    reg [1:0] q;

always @(a or b)
  begin
    if (a<b) q = 2'b01;
    else if (a==b) q = 2'b10;
    else    q = 2'b00;
```

```
end

endmodule
```

仿真结果

如图 4.9 所示,当 a=b 时,q=2'b10;当 a>b 时,q=2'b00;当 a<b 时,q=2'b01。

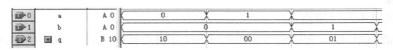

图 4.9　例 4-7 电路时序图

2. case 语句

case 语句是一种多分支选择语句,当选择条件比较多的时候,相比于 if…else 语句,case 语句的应用更简单方便,不过随着硬件电路复杂度的提高,对于 case 语句,编译器在进行代码综合的时候,很有可能综合出的电路不理想,不过,近些年来,随着编译软件库的优化提高,在使用 case 语句进行复杂电路编译的时候,可以得到与 if…else 语句综合相似的较理想电路。

例 4-8　设计一个运算单元模块,具体电路功能如表 4.3 所示。

表 4.3　逻辑运算单元

选择信号 s	输出 q
2'b00	a+b
2'b01	a-b
2'b10	a*b
2'b11	a/b

从表 4.3 可以分析得知:运算单元模块包括四个端口,其中三个输入端口分别为:运算输入 a 和 b,假设位宽为 4 位;选择信号 s,并且有 4 种选择,所以定义选择信号 s 位宽为 2 位;一个输出端口 q,由于进行了两个 4 位数据的乘法,可以假设输出 q 的位宽为 7 位。

代码编写如下:

```
module alu(a,b,s,q);
    input [3:0]a,b;
    input [1:0] s;
    output [6:0]q;

    reg [6:0] q;

    parameter add = 2'b00, sub = 2'b01, mul = 2'b10, div = 2'b11;
always @(a or b or s)
  begin
    case (s)
    add: q = a + b;
    sub: q = a - b;
```

```
      mul: q = a * b;
      div: q = a/b;
      endcase
   end
endmodule
```

代码注释

从硬件代码中可以看出：

在 case 语句中，根据选择信号 s 值的不同，分别对输出 q 进行加减乘除运算，注意，输出 q 由于在 always 语句块中等号左边的变量，所以数据类型为 reg。

仿真结果

如图 4.10 所示，当 a＝4，b＝2 时，并且在 s 分别选取 0～3 四个数据的时候，电路分别执行加减乘除操作，运算结果 q 输出 6、2、8、2。

图 4.10　加减乘除运算单元时序图

同 if…else 语句一样，case 语句使用不当也会出现锁存器，所以需要把电路补充完整。

例 4-9　判断下面电路通过 Verilog HDL 描述是否出现锁存器，如果存在锁存器，如何进行改正？

```
module example (sel, a, b);
    input [1:0] sel;
    output a, b;

    reg a, b;

always @(sel)
  begin
    case (sel)
      2'b00:
        a = 1'b1;
      2'b10:
        b = 1'b1;
      2'b11:
        begin a = 1'b1; b = 1'b1; end
    endcase
  end

endmodule
```

代码分析：

由例 4-9 可知，模块有三个端口：输入信号为一个两位位宽选择信号 sel，两个一位位宽的输出信号 a 和 b。输入信号 sel 有四种选择，分别为 2'b00、2'b01、2'b10、2'b11，在题目中，当 sel＝2'b01 时，输出信号 a 和 b 没有赋值；此外，当 sel＝2'b00 的时候输出信号 b 没有赋值；当 sel＝2'b10 的时候，输出信号 a 没有赋值，所以例 4-9 所描绘电路会出现锁存器，为了避免这种情况发生，应将电路描绘完整。

修改代码如下：

```
module example (sel,a,b);
    input [1:0] sel;
    output a,b;

    reg a,b;

always @(sel)
  begin
    case (sel)
      2'b00:
        begin a = 1'b1; b = 1'b0; end
      2'b01:
        begin a = 1'b0; b = 1'b0; end
      2'b10:
        begin a = 1'b0; b = 1'b1; end
      2'b11:
        begin a = 1'b1; b = 1'b1; end
    endcase
  end

endmodule
```

仿真结果

如图 4.11 所示，当 sel 的值从 2'b00 到 2'b11 变化时，输出信号 a 和 b 都被赋值，电路描绘完整，无锁存器出现。

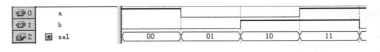

图 4.11 例 4-9 电路时序图

3. 多路选择器

通过图 4.3，我们讲解了二选一选择电路的电路结构，并且分别用了 if…else 以及 case 语句对电路进行了 Verilog HDL 硬件代码编写，除此之外，还可以用第三种方式，通过条件运算符"?"":"的编写方式进行编写，具体格式如下：

表达式 1＝条件表达式?表达式 2:表达式 3;

当条件表达式为真的时候，表达式 1 等于表达式 2；当条件表达式为假的时候，表达式 1 等于表达式 3。

例 4-10 通过条件运算符"?"":"的编写方式对图 4.3 进行代码编写。

代码编写如下：

```
module mux2_1 (s,x,y,q);

    input s,x,y;
    output q;

    assign q = s?y: x;
endmodule
```

代码分析：

从题中可以看出，对于二选一选择电路，通过条件运算符"?"":"的编写方式相比较 if…else 以及 case 语句来说简单很多。

我们已经对二选一电路进行了条件运算符"?"":"的编写，但是如果当选择电路可供选择的信号大于 2 的时候，我们是否仍可以使用条件运算符"?"":"的编写方式编写硬件代码？

我们可以对二选一选择电路进行连用，把多个二选一选择电路组成一个多路选择器进行代码编写，下面通过一个具体实例进行讲解。

```
assign q = (s == 2'b00)?a:
           (s == 2'b01)?b:
           (s == 2'b10)?c:d;
```

代码注释   当选择信号等于 0 的时候，输出 q＝a；当选择信号为 1 的时候，输出 q＝b；当选择信号为 2 的时候，输出 q＝c；否则输出 q＝d。

4.1.3 基本组合逻辑电路设计实例

例 4-11   分别用 if…else 语句、case 语句与多路选择器三种编写方式编写八选一选择电路？

解题分析：根据题意可以确定需要 9 个输入端口，分别是 8 个可供选择输入信号以及一个 3 位位宽的选择输入信号；一个输出端口。

编写方法

(1) 使用 if…else 语句：

```
module mux8_1(a1,a2,a3,a4,a5,a6,a7,a8,s,q);
    input a1,a2,a3,a4,a5,a6,a7,a8;
    input [2:0] s;
    output q;
    reg q;

always @(a1,a2,a3,a4,a5,a6,a7,a8,s)
  begin
    if (s == 3'b000) q = a1;
    else if (s == 3'b001) q = a2;
    else if (s == 3'b010) q = a3;
    else if (s == 3'b011) q = a4;
    else if (s == 3'b100) q = a5;
    else if (s == 3'b101) q = a6;
    else if (s == 3'b110) q = a7;
    else q = a8;
  end
```

```
endmodule
```

（2）使用 case 语句：

```
module mux8_1 (a1,a2,a3,a4,a5,a6,a7,a8,s,q);
    input a1,a2,a3,a4,a5,a6,a7,a8;
    input [2:0] s;
    output q;
    reg q;

always @(a1,a2,a3,a4,a5,a6,a7,a8,s)
  begin
    case(s)
    3'b000: q = a1;
    3'b001: q = a2;
    3'b010: q = a3;
    3'b011: q = a4;
    3'b100: q = a5;
    3'b101: q = a6;
    3'b110: q = a7;
    3'b111: q = a8;
    endcase
  end
endmodule
```

（3）使用多路选择器：

```
module mux8_1 (a1,a2,a3,a4,a5,a6,a7,a8,s,q);
    input a1,a2,a3,a4,a5,a6,a7,a8;
    input [2:0] s;
    output q;
    assign q = (s == 3'b000)?a1:
               (s == 3'b001)?a2:
               (s == 3'b010)?a3:
               (s == 3'b011)?a4:
               (s == 3'b100)?a5:
               (s == 3'b101)?a6:
               (s == 3'b110)?a7:a8;
endmodule
```

仿真结果

如图 4.12 所示，当 s＝1 时，q＝a2＝0；当 s＝3 时，q＝a4＝1；当 s＝4 时，q＝a5＝1。

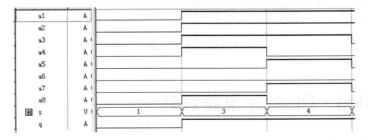

图 4.12 八选一选择器时序图

例 4-12　根据表 4.4，通过 case 语句对 3-8 译码器进行 Verilog HDL 硬件代码编写。

表 4.4　3-8 译码器工作表

输入信号 a	输出信号 b
3'b000	8'b00000001
3'b001	8'b00000010
3'b010	8'b00000100
3'b011	8'b00001000
3'b100	8'b00010000
3'b101	8'b00100000
3'b110	8'b01000000
3'b111	8'b10000000

代码编写如下：

```
module 3_8decoder (a, b);
      input [2:0] a;
      output [7:0] b;
      reg [7:0] b;
   always @(a)
     begin
       case (a)
          3'b000 : b = 8'b00000001;
          3'b001 : b = 8'b00000010;
          3'b010 : b = 8'b00000100;
          3'b011 : b = 8'b00001000;
          3'b100 : b = 8'b00010000;
          3'b101 : b = 8'b00100000;
          3'b110 : b = 8'b01000000;
          default : b = 8'b10000000;
       endcase
     end
endmodule
```

仿真结果

如图 4.13 所示，输出译码结果与表 4.4 一致。

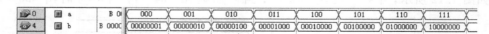

图 4.13　3-8 译码器时序图

4.2　Verilog HDL 时序电路设计

　　如果说组合逻辑电路是数字系统设计的基础，那么时序电路设计就是数字系统设计的核心，随着硬件电路设计的复杂化，尤其是在数字集成电路飞速发展的今天，可以说任何一款芯片都离不开时序电路的设计,比如 ARM 芯片、CPU 芯片等。所以在组合逻辑电路设计方法学好的前提下,要求我们更好地掌握时序逻辑电路的设计方法。

4.2.1 触发器的描述方式

提到时序逻辑电路,我们不得不提起触发器,触发器是最基本的时序元件,其中 D 触发器是 Verilog HDL 硬件语言中应用最广泛的时序元件。

如图 4.14 所示,边沿型 D 触发器包含时钟信号端口(图中包含三角形标记的端口)、复位端口 CLR、置位端口 PRE、使能端口 ENA、输入数据端口 D、输出端口 Q。

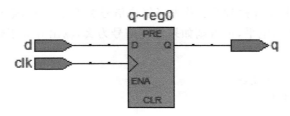

图 4.14　D 触发器结构图

D 触发器的执行过程是:首先判断复位端口是否连接信号,如果连接信号,在编写代码时,对电路进行复位操作,复位结果输出置零;其次判断置位端口是否连接信号,如果连接信号,在编写代码时,对电路进行置位操作,置位结果输出置最高电平;最后判断使能端口是否连接信号,如果连接信号,在编写代码时,如果使能信号为真,则当时钟信号上升沿或者下降沿到来的时候,把输入端口连接的数据作为输出。

例 4-13　用 Verilog HDL 对如图 4.14 所示 D 触发器进行代码描述。

从图 4.14 可知,D 触发器端口只连接了时钟信号、数据输入信号以及输出信号,所以可知这个触发器的执行过程为当时钟信号 clk 上升沿(下降沿)到来时,输出变量 q=d;

代码编写如下:

```
module DFF(d,clk,q);
    input d,clk;
    output q;
    reg q;

always @(posedge clk)
    q = d;
endmodule
```

仿真结果

如图 4.15 所示,当时钟上升沿到来的时候 q=d,其他时间输出 q 的值保持不变。

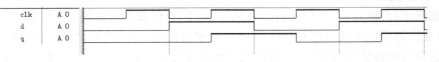

图 4.15　D 触发器时序图

例 4-14 用 Verilog HDL 对如图 4.16 所示的 D 触发器进行代码描述。

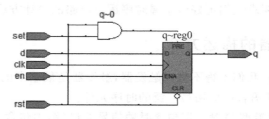

图 4.16 带复位置位以及使能信号的 D 触发器

从图 4.16 可知,其工作过程为:首先当复位信号为低电平时,输出置 0,否则当置位信号为高电平时,输出置高电平,再否则如果使能信号为真,输出 q 等于输入信号 d。

代码编写如下:

```
module DFF(clk,rst,set,d,en,q);
    input clk,rst,set,en;
    input d;
    output q;
    reg q;

always @(posedge clk or negedge rst or posedge set)
    begin
        if (~rst)        q = 1'b0;
        else if (set)    q = 1'b1;
        else if(en)      q = d;
    end
endmodule
```

仿真结果

如图 4.17 所示,当 rst=0 时,输出端清零 q=0;当 set=1 时,输出端置位 q=1;当 en=1 时,在时钟上升沿到来的时候 q=d。

clk	A 0		
d	A 0		
en	A 0		
q	A 0		
rst	A 1		
set	A 0		

图 4.17 带复位置位以及使能信号的 D 触发器时序图

对于时序电路来说,通常包括两种复位与置位方式,分别称为异步复位与置位方式以及同步复位与置位。

(1) 异步复位与置位。

对比例 4-13 和例 4-14 可以看出,在例 4-14 中,D 触发器电路多了复位信号以及置位信号,并且复位信号以及置位信号写在 always 的事件控制之中,换句话说,此时触发器的复位和置位过程与时钟信号无关,所以我们把这种复位与置位方式称为异步复位与置位。

异步复位与置位的编写方式样板如下:

```
always @(posedge clk or negedge rst or posedge set)
    begin
      if(~rst)           输出清零
      else if(set)       输出置最高电平
      else               输出运算赋值
    end
```

注意：在样板中，可以看到在 always 事件控制中，采用的是复位信号的下降沿触发，所以在样板中，在进行复位的时候一定要采用低电平复位；同理，由于置位信号采用的是置位信号的上升沿触发，那么在样板中，在进行置位的时候需要选取置位信号的高电平进行置位。

（2）同步复位与置位。

同步复位与置位指的是在硬件电路中，复位信号以及置位信号只有在时钟上升沿或者下降沿到来的时候复位以及置位才有效，其他时间无效，所以对于同步复位与置位电路，在进行代码编写的过程中，不需要把复位信号以及置位信号写进 always 的事件控制里面，always 的时序控制中只有时钟信号存在。

同步复位与置位的编写方式样板如下：

```
always@(posedge clk)
    begin
      if(~rst)           输出清零
       else if(set)      输出置最高电平
      else               输出运算赋值
    end
```

例 4-15　将例 4-14 中的异步复位与置位电路修改成同步复位与置位电路，将修改完成后的同步电路结构与最初的异步电路结构进行对比，两个电路结构是否一致？

代码分析：

相比于异步电路，同步电路只需将 always 事件控制里面的复位以及置位信号去掉即可。

代码修改如下：

```
module DFF(clk,rst,set,d,en,q);
    input clk,rst,set,en;
    input d;
    output q;
    reg q;

always @(posedge clk)
    begin
      if (~rst)          q = 1'b0;
      else if (set)      q = 1'b1;
      else if(en)        q = d;
    end
endmodule
```

仿真结果

如图 4.18 所示,在第三个时钟信号上升沿到来之前,rst＝0,但是在复位时间段里,没有出现时钟上升沿,复位无效,输出 q 没有清零。

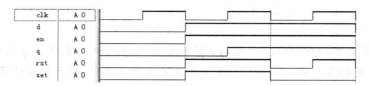

图 4.18　同步复位与置位 D 触发器时序图

图 4.19 为修改后的同步电路结构图。

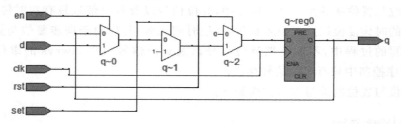

图 4.19　带复位置位以及使能信号的同步 D 触发器

对比图 4.16 和图 4.19,可以看出,异步电路改成同步电路后,电路的整体结构发生变化,在图 4.16 中,D 触发器的复位以及置位端口有信号相连,然而在图 4.19 中,D 触发器的复位以及置位端口没有信号相连。所以可以直接从电路结构中观测到所给电路是同步电路还是异步电路,复位端口以及置位端口有信号相连为异步电路,否则为同步电路。

4.2.2　计数器与分频器的设计

在数字系统时序电路设计中,计数器以及分频器是最常见也是应用最广泛的时序电路,本节将对计数器以及分频器的工作过程进行分析,学习常见计数器以及分频器的编写方法。

1．计数器

计数器是最常见的时序电路,计数器实现的功能就是计数,它的工作过程是当时钟信号的上升沿或者是下降沿到来的时候开始计数,其他时间数据保持不变。计数器除了计数的功能外,还可应用在分频电路中,也可以应用在进制转换电路中。

下面通过两个具体的实例来详细讲解计数器的工作过程。

例 4-16 用 Verilog HDL 语言设计一个同步复位的 3 位计数器。

设计分析:

确定模块端口,首先可知由于计数器是时序电路,所以需要时钟信号 clk,要求设计一个同步复位的计数器,所以需要一个复位信号 rst,最后计数范围是从 3'b000 到 3'b111,需要一个 3 位位宽的输出 q。

代码编写如下:

```
module count1 (clk,rst,q);
    input clk,rst;
    output [2:0]q;
    reg [2:0]q;

always @(posedge clk)
  begin
    if(rst) q<=3'b0;
    else q<=q+1'b1;
  end
endmodule
```

代码注释

（1）定义计数器模块名字 count1，两个输入端口分别为时钟信号 clk 和复位信号 rst，一个输出端口 q，位宽 3 位；

（2）输出 q 出现在 always 语句左边，所以数据类型为 reg；

（3）由于电路为同步复位电路，所以 always 事件控制列表里面只包含时钟信号；

（4）采用时钟上升沿触发，并且高电平复位；

（5）复位信号高电平发生复位，对输出信号赋初值，对于计数器来说，通常初值为 0，换句话说，即从零开始计数；

（6）当复位信号是低电平时，开始计数，每经过一个时钟上升沿加 1。

仿真结果

如图 4.20 所示，当 rst=1 时，复位 q=0；当 rst=0 时，输出 q 在时钟上升沿到来时在 0～7 的范围内循环计数。

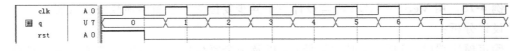

图 4.20　三位计数器时序图

例 4-17　用 Verilog HDL 语言设计一个异步复位的十进制计数器。

设计分析：

确定模块端口，同例 4-16 一样，需要一个时钟信号 clk 以及一个复位信号 rst，但是注意对于十进制计数器来说，计数范围为 0～9，所以在定义输出位宽的时候要求是一个至少 4 位位宽的输出 q，此外由于 4 位位宽输出可表示的输出范围是 0～15，所以在编写代码的时候需要添加限制条件。

代码编写如下：

```
module count2 (clk,rst,q);
    input clk,rst;
    output [3:0]q;
    reg [3:0]q;
always @(posedge clk or posedge rst)
  begin
    if(rst) q<=3'b0;
    else if (q<4'b1001) q<=q+1'b1;
```

```
        else q <= 3'b0;
    end
endmodule
```

代码注释

（1）定义十进制计数器模块名字 count2，两个输入端口分别为时钟信号 clk 和复位信号 rst，一个输出端口 q，位宽 4 位；

（2）输出 q 出现在 always 语句左手边所以数据类型为 reg；

（3）由于电路为异步复位电路，所以复位信号出现在 always 事件控制列表里面；

（4）采用时钟上升沿触发，并且高电平复位；

（5）复位信号高电平发生复位，对输出信号赋初值，初值为零；

（6）当复位信号为低电平并且输出信号小于 9 的时候，开始计数，当输出大于等于 9 的时候，在下一个时钟上升沿到来的时候清零重新计数。

仿真结果

如图 4.21 所示，当 rst＝1 时，复位 q＝0；当 rst＝0 时，输出 q 在时钟上升沿到来时在 0～9 的范围内循环计数，从而时序十进制计数器的功能。

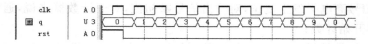

图 4.21　十进制计数器时序图

此外，还可以根据设计的不同需求，进行不同形式的计数，如例 4-18 所示，可以设计一个减法计数器。

例 4-18　用 Verilog HDL 语言设计一个异步复位的十进制循环减法计数器。

设计分析：

确定模块端口，需要一个时钟信号 clk 以及一个复位信号 rst，由于要实现减法计数，计数范围是 9～0，所以我们还需要一个至少 4 位位宽的输出信号 q，并且在复位的时候，要把输出的初始值赋值为 9，此外，当减法计数到 0 的时候，当下一个时钟上升沿到来的时候，需要把输出信号的大小再变为初始值 9。

代码编写如下：

```
module down_count(clk,rst,q);
    input clk,rst;
    output [3:0] q;

    reg [3:0] q;

always @(posedge clk or negedge rst)
    begin
        if (~rst) q = 4'b1001;
        else if (q>0) q = q-1'b1;
        else q = 4'b1001;
    end
```

```
endmodule
```

代码注释

（1）十进制减法模块名字为 down_count；

（2）模块包含三个端口：两个输入信号为时钟信号 clk 和复位信号 rst；一个 4 位位宽的输出信号 q；

（3）输出信号 q 出现在 always 语句等号的左边，所以数据类型为 reg；

（4）本题实现的是异步复位计数，所以复位信号写在 always 控制电平中，并且为低电平复位；

（5）当复位信号为低电平时开始复位，输出信号初值为 9；当复位信号为高电平时，开始减法计数；当计数到 0 的时候，下一次计数的值为 9。

仿真结果

如图 4.22 所示，输出信号从 9～0 进行循环计数。

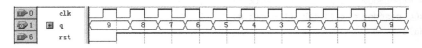

图 4.22　例 4-18 电路时序图

2．分频器

分频器的作用是将已知信号频率进行分频，根据分频大小的不同，可以实现不同频率间的信号转换。

在分频器的应用中，偶数分频是最常见的分频方式，下面通过三个偶数分频实例来详细讲解分频器的工作过程。

例 4-19　用 Verilog HDL 语言设计二分频电路。

设计分析：

由题可知，要设计一个二分频电路，也就是说，要把已知输入信号的两个时钟周期变成一个时钟周期进行输出，换句话说，就是每经过一个时钟周期，输出信号进行一次电平取反即可，定义输入时钟信号为 clk，输出信号为 clk_2。

代码编写：

```
module div_2 (clk,clk_2);
    input clk;
    output clk_2;
    reg clk_2;

always @(posedge clk) clk_2 = ~clk_2;
endmodule
```

仿真结果

如图 4.23 所示，输出信号 clk_2 时钟周期为输入信号 clk 的 2 倍，实现了二分频。

知道了二分频电路之后，只需对二分频的输出再进行一次二分频，便可以设计一个四分频的分频器；同理，对已知电路进行 n 次二分频之后，便可产生一个 2^n 的分频电路。

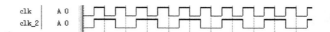

图 4.23　二分频电路时序图

例 4-20　用 Verilog HDL 语言设计八分频电路。

设计分析：

可以对已知信号进行 3 次二分频即可产生一个八分频电路？

```
module div_8 (clk,clk_8);
    input clk;
    output clk_8;
     reg clk_8;
     reg clk_2,clk_4;
always @(posedge clk) clk_2 = ~clk_2;
always@(posedge clk_2) clk_4 = ~clk_4;
always@(posedge clk_4) clk_8 = ~clk_8;
endmodule
```

仿真结果

如图 4.24 所示，输出信号 clk_8 时钟周期为输入信号 clk 的 8 倍，实现了八分频。

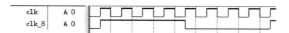

图 4.24　八分频电路时序图

根据例 4-20 可以看出，只要对已知电路进行 n 次二分频，便可以得到 2^n 的分频电路，但是如果想要设计一个六分频电路怎么进行设计？

例 4-21　用 Verilog HDL 语言设计六分频电路。

设计分析：

由题可知，要设计一个六分频电路，所以需要一个输入时钟信号 clk，以及一个六分频的输出信号 clk_6，并且时钟信号每经过 3 个时钟周期输出信号电平取反，为了便于确定 3 个时钟周期上升沿到来的时刻，可以定义一个计数器输出 count，当计数到第 3 个时钟周期上升沿的时候，输出 clk_6 电平取反。由于定义了一个计数器的输出，所以再定义一个复位信号 rst，初始状态时计数输出 count 需要清零。

代码编写如下：

```
module div_6 (clk,rst,count,clk_6);
    input clk,rst;
    output [1:0] count;
    output clk_6;
    reg [1:0] count;
    reg clk_6;

always @(posedge clk)
  begin
    if(rst) count <= 2'b0;
```

```
      else if(count < 2'b10) count <= count + 1'b1;
      else count <= 2'b0;
    end

 always @(posedge clk)
    begin
      if (rst) clk_6 <= 1'b0;
      else if (count == 2'b10) clk_6 <= ~clk_6;
      else clk_6 <= clk_6;
    end
 endmodule
```

代码注释

（1）定义六分频模块名字为 div_6，端口包括两个输入端口，包括时钟信号 clk 和复位信号 rst；两个输出端口，包括计数输出 count 以及分频输出 clk_6；

（2）输出信号 count 和 clk_6 出现在 always 语句左边，所以数据类型为 reg；

（3）第一个 always 过程块实现计数器操作，计数范围 0～2；

（4）第二个 always 过程块实现六分频操作，当计数为 2 时，分频输出信号 clk_6 电平取反，其他计数时间 clk_6 电平保持不变。

仿真结果

如图 4.25 所示，当 rst=1 时，输出信号发生复位清零；当 rst=0 时，计数器输出 count 计数，当计数器计数到 2 的时候，clk_6 电平取反，使得 clk_6 的时钟周期是输入时钟 clk 的 6 倍，从而实现对输入时钟信号 clk 的六分频。

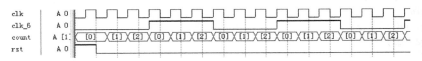

图 4.25　六分频电路时序图

4.2.3　阻塞赋值与非阻塞赋值

在 Verilog HDL 语言中，在 always 过程块中，主要包括两种赋值方式：阻塞赋值以及非阻塞赋值。

1. 阻塞赋值

赋值符号为"="，它的赋值特点是信号在接收数据时无时间延迟并且在 begin…end 顺序块中，所有语句顺序执行，语句有先后之分，赋值语句接收数据在 begin…end 顺序块内完成。例如：

```
begin b = a; c = b; end
```

在 begin…end 顺序块内，b 在第一时间接收 a 的值，在执行第二条语句时，此时的 b 已经变成了 a，然后 c 接收数据 b 的值，由于此时 b 变成了 a，相当于 c=a，两条语句执行完成后跳出 begin…end 顺序块。

从刚才的实例可以看出,电路在选用阻塞赋值的时候,"b=a;c=b;"两条语句相当于合成了一条语句"c=a",这种情况在某些时候会导致电路出现不想得到的结果,具体通过下面的例子进行讲解说明。

例 4-22 如图 4.26 所示,下面二级移位寄存器的代码编写是否正确? 如果错误,怎么去修改?

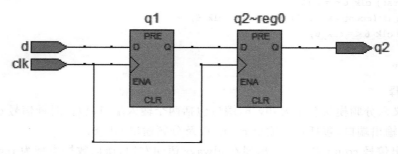

图 4.26 二级移位寄存器

代码编写如下:

```
module shift (clk,d,q2);
    input clk;
    input d;
    output q2;
    reg q1,q2;
always@(posedge clk)
  begin
    q1 = d;
    q2 = q1;
  end
endmodule
```

电路分析:

在 begin…end 顺序模块中,由于赋值语句采用阻塞赋值,所以"q1=d,q2=q1"相当于一条语句"q2=d",导致整个移位寄存器只进行了一次移位,电路结构图如图 4.27 所示。

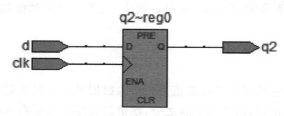

图 4.27 一级移位寄存器

修改方式:

如题考虑到阻塞赋值是顺序执行,可以写成多个 always 模块,让赋值语句并行执行,也可以改变赋值语句执行顺序。

修改方法 1:

```
module shift (clk,d,q2);
    input clk;
    input d;
    output q2;
    reg q1,q2;

always@(posedge clk) q1 = d;
always@(posedge clk) q2 = q1;

endmodule
```

电路缺点：用两个 always 过程块进行阻塞赋值会使得电路存在竞争冒险。

修改方法 2：

```
module shift (clk,d,q2);
    input clk;
    input d;
    output q2;
    reg q1,q2;

always@(posedge clk)
  begin
    q2 = q1;
    q1 = d;
  end
endmodule
```

电路缺点：在进行电路设计的时候，必须考虑赋值顺序，增加设计难度。

综上所述，鉴于阻塞赋值语句的缺点，在使用 always 进行赋值的时候，应该尽量避免使用阻塞赋值，而选用非阻塞赋值的方式进行赋值。

2. 非阻塞赋值

赋值符合"<="，赋值特点赋值接收数据时有时间延迟，并且在 begin…end 顺序块中，所有语句并行执行，语句无顺序之分，赋值语句在跳出 begin…end 顺序块时统一接收数据。例如

```
begin b <= a; c <= b; end
```

在 begin…end 顺序块内，两条语句同时执行，但是一直到跳出 begin…end 顺序块时，b 跟 c 才统一完成数据接收，此时，b 的值为 a，c 的值为原先 b 的值。

例 4-23　如图 4.26 所示，使用非阻塞赋值的方式对电路进行 Verilog HDL 硬件语言描述。

代码编写如下：

```
module shift (clk,d,q2);
    input clk;
    input d;
    output q2;
    reg q1,q2;
```

```
always@(posedge clk)
  begin
    q1 < = d;
    q2 < = q1;
  end
endmodule
```

通过软件验证,可以得到与图 4.26 一致的电路图,由此可知,采用非阻塞赋值的方式编写硬件代码,电路结构正确。

同样也可以调整两条赋值语句的顺序以及采用多个 always 过程块并行执行。

修改方法 1:

```
module shift (clk,d,q2);
    input clk;
    input d;
    output q2;
    reg q1,q2;
always@(posedge clk)
  begin
    q2 < = q1;
    q1 < = d;
  end
endmodule
```

修改方法 2:

```
module shift (clk,d,q2);
    input clk;
    input d;
    output q2;
    reg q1,q2;

always@(posedge clk) q1 < = d;
always@(posedge clk) q2 < = q1;

endmodule
```

经验证以上两种修改方式都可以得到与图 4.26 一致的电路图,由此可以得出非阻塞赋值语句没有顺序之分。

下面再通过一个例题,对两种赋值语句进行赋值练习,以便对两种赋值方式更好地区分理解。

例 4-24　假设输入信号赋初始值如下:a=1,b=2,c=3,d=4,求当时钟信号上升沿到来的时候两种赋值方式信号 a、b、c、d 的值各为多少?

阻塞赋值方式:

```
    …
    reg [2:0] a,b,c,d;
```

```
always @(posedge clk)
  begin
    b = a;
    c = b;
    d = c;
  end
```

代码分析：

由于采用阻塞赋值，always 语句内顺序执行，所以语句执行过程相当于 d＝c＝b＝a。

输出结果：

```
a = 1 ;
b = 1 ;
c = 1 ;
d = 1 。
```

非阻塞赋值方式：

```
  ...
    reg [2:0] a,b,c,d;

always @(posedge clk)
  begin
    b <= a;
    c <= b;
    d <= c;
  end
```

代码分析：

由于电路采用非阻塞赋值方式，所以 always 语句内部为并行关系，在电路执行过程中，电路在跳出 begin…end 语句外才开始统一赋值，所以 b 接收到的结果为 a 的初始值，c 接收到的结果为 b 的初始值，d 接收到的结果为 c 的初始值。

输出结果：

```
a = 1 ;
b = 1 ;
c = 2 ;
d = 3 。
```

通过以上几个例子，可以看到两种赋值方式之间的区别，阻塞赋值为顺序执行，非阻塞赋值为并行执行，相比于阻塞赋值，非阻塞赋值在进行时序电路设计的时候，不用考虑赋值的先后顺序，节约了设计时间，并且不会产生不必要的逻辑错误，所以在进行时序电路设计中，优先采用非阻塞赋值的方式进行赋值。

4.3 Verilog HDL 有限状态机设计

有限状态机是由组合逻辑以及寄存器组共同组成的一个时序逻辑电路，当时钟信号边沿到来的时候发生状态间的跳转。在数字系统设计中，有限状态机通常作为控制电路的核心被广泛使用在多个领域,比如 CPU 控制模块以及全自动洗衣机控制模块等。

本节主要介绍有限状态机的分类,并通过具体的设计实例重点介绍有限状态机的设计方法。

4.3.1 Moore 型状态机和 Mealy 型状态机的设计

有限状态机根据输出逻辑的不同可以分成 Mealy 状态机以及 Moore 状态机,两者设计方法基本一致,唯一不同就是结果的输出是否取决于输入信号的大小。

Mealy 状态机:结果的输出不仅取决于当前状态也取决于具体大小;

Moore 状态机:结果的输出仅取决于当前的状态,只要当前的状态确定了,输出结果也就确定了。

例 4-25 下面两段代码分别是两个有限状态机的输出求值过程块,判断它们分别属于哪种类型的有限状态机。

输出求值过程块 1:

```
always @( state )
begin
    case( state )
        2'b00:  out = 4'b0001;
        2'b01:  out = 4'b0010;
        2'b10:  out = 4'b0100;
        2'b11:  out = 4'b1000;
    endcase
end
```

代码分析:由题可知,输出信号 out 只与当前状态 state 有关,与输入信号无关,所以过程块 1 属于 Moore 状态机。

输出求值过程块 2:

```
always @( state or sel )
begin
    case( state )
        2'b00:  if (sel) out = 4'b0001;
            else out = 4'b1110;
        2'b01:  if (sel) out = 4'b0010;
            else out = 4'b1101;
        2'b10:  if (sel) out = 4'b0100;
            else out = 4'b1011;
        2'b11:  if (sel) out = 4'b1000;
            else out = 4'b0111;
    endcase
end
```

代码分析:由题可知,输出信号 out 不仅跟当前状态 state 有关,还与输入信号 sel 相关,所以过程块 2 属于 Mealy 状态机。

4.3.2 Verilog HDL 有限状态机的不同设计方法

有限状态机会随着时钟信号的上升沿或者是下降沿到来的时候发生状态间的跳转,在

设计一个有限状态机的时候,需要关注三个变量:

(1) 当前状态;

(2) 下一次状态;

(3) 输出结果。

在进行有限状态机设计的过程中,根据所使用 always 过程块个数的不同,可以进行如下分类:

(1) 一段式描述——把以上三个状态放在一个 always 过程块中描述,在用一段式编写方法设计状态机的过程中,由于所有的逻辑都放在了一个段落中,整个设计会看起来很复杂,从而增加了设计难度,所以应尽量避免使用一段式的方式进行状态机设计。

(2) 两段式描述——使用两个 always 过程块进行描述,在设计中,可以把当前状态放在一个 always 过程块中描述,把下一次状态和输出结果放在另一个 always 过程块中描述。

(3) 三段式描述——分别把当前状态、下一次状态、输出结果放在三个不同的 always 过程块中进行描述。

相比一段式描述,两段式和三段式描述逻辑更加清晰,下面通过具体有限状态机实例分别进行两段式以及三段式描述。

例 4-26　图 4.28 为状态机的状态转换图,分别用 Verilog HDL 语言对其进行两段式以及三段式描述。

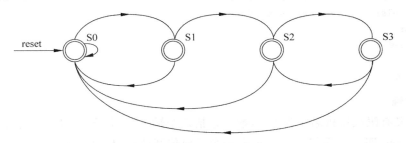

图 4.28　状态机的状态转换图

两段式描述:

```verilog
module fsm (clk,rst,q,a,b,c,d);
    input clk, rst,a,b,c,d;
    output [2:0] q;
    reg [2:0] q;
    reg[1:0] state, next_state;
    parameter s0 = 2'b00, s1 = 2'b01, s2 = 2'b11, s3 = 2'b10;

always @( posedge clk )
  begin
    if( rst )          state <= s0;
    else               state <= next_state;
  end
always @( state or a or b or c or d )
  begin
    case (state)
```

```
          s0:
            begin
              q <= 3'b001;
              if( a )        next_state <= s1;
              else           next_state <= s0;
            end
          s1:
          begin
              q <= 3'b010;
                if (b)     next_state <= s2;
                else       next_state <= s0;
              end
          s2:
            begin
              q <= 3'b100;
                if( c )      next_state <= s3;
                else         next_state <= s0;
              end
            s3:
            begin
              q <= 3'b111;
              if( d )        next_state <= s0;
            else             next_state <= s2;
        end
      endcase
    end
  endmodule
```

代码注释

（1）定义有限状态机名字为 fsm，端口包括六个输入信号，分别为一个时钟信号 clk，一个复位信号 rst，四个选择信号 a、b、c、d，一个三位位宽的输出端口 q；

（2）分别定义两个变量 state 和 next_state 代表当前状态和下一次状态；

（3）采用格雷码的形式对 s0～s4 四个基本状态进行编码，除了格雷码编码形式，也可以采用独热码的编码形式编码；

（4）进入第一个 always 过程块，对当前状态进行描述，如果发生复位，当前状态初值为 s0，否则当时钟上升沿到来的时候，当前状态跳转到下一次状态；

（5）进入第二个 always 过程块，分别对下一次状态和输出数据进行描述。

三段式描述：

```
module fsm (clk,rst,q,a,b,c,d);
    input clk, rst,a,b,c,d;
    output[2:0] q;
    reg[2:0] q;
    reg[1:0] state, next_state;
    parameter s0 = 2'b00, s1 = 2'b01, s2 = 2'b11, s3 = 2'b10;

always @( posedge clk )
  begin
```

```
            if( rst )          state <= s0;
            else               state <= next_state;
        end
    always @( state or a or b or c or d )
        begin
            case (state)
            s0:
             begin
                   if( a )     next_state <= s1;
                   else        next_state <= s0;
              end
            s1:
             begin
                   if (b)      next_state <= s2;
                   else        next_state <= s0;
                end
            s2:
                begin
                   if( c )     next_state <= s3;
                   else        next_state <= s0;
                end
            s3:
                begin
                   if( d )     next_state <= s0;
                   else        next_state <= s2;
                end
            endcase
        end
    always @( state )
        begin
            case( state )
                s0:  q = 3'b001;
                s1:  q = 3'b010;
                s2:  q = 3'b100;
                s3:  q = 3'b111;
            endcase
        end
endmodule
```

代码注释

相比两段式描述方式,三段式描述将两段式描述第二个 always 过程块中的下一次状态和输出结果分别用了不用的 always 进行描述,除此之外,两段代码其余地方描述方式相同。

小结

在数字系统设计中,主要包括两种电路:组合逻辑电路和时序逻辑电路,本章分别对两种电路的 Verilog HDL 编写方式进行讲解,重点讲解组合逻辑电路中的选择电路和时序逻辑电路中的计数器、分频器以及移位寄存器的编写过程。在此基础上列举经典实例进行编写以及仿真结果验证,使得学生能够正确掌握组合逻辑电路以及时序逻辑电路的编写方法;此外,本章对有限状态机的基本工作原理进行了讲解,并重点学习如何通过两段式和三段式的编写方式编写有限状态机。通过本章内容的学习,最终目的是让学生能够将理论知识跟实际应用相结合,能通过 Verilog HDL 硬件描述语言对数字系统进行设计编写。

习题

4-1　编写五选一选择器程序。

4-2　编写 JK 触发器程序,并进行时序仿真。

4-3　分别用同步复位与异步复位的方式编写一个计数器,要求计数器的计数范围是 $(0\sim19)$。

4-4　编写十分频电路程序,并进行时序仿真。

4-5　分别用阻塞赋值和非阻塞赋值的方式编写一个四级的移位寄存器。

第5章
基于Verilog的FPGA 系统设计实例

FPGA 采用的 Verilog HDL 的语法与 C 语言非常相似，但是，FPGA 的设计思想与我们之前学过的基于单片机的 C 语言编程却大相径庭。单片机的硬件结构是固定的，通过编程顺序执行相应指令；而 FPGA 确是通过搭积木的方式对 FPGA 硬件进行编程、综合、适配等流程构造出要设计的系统硬件电路，模块之间是并行执行的。为帮助大家从单片机设计顺利过渡到 FPGA 的设计，本章选取了一些在单片机实验中经常用到的实例，通过 FPGA 来实现。目的是让大家了解不同芯片的设计思想的差异，同时，也对之前学过的语法进一步熟悉和掌握。本章所有实验均已通过 Altera 公司的 DE-115 实验板实现。

5.1 LED 花样灯控制模块的设计

先从最简单的花样灯开始，花样灯模块的设计方式非常多，编程思路也不同，可以通过简单进程、状态机、宏功能模块等方式实现，下面列出典型的几例供大家参考。

任务一 流水灯模块的设计

流水灯是一串按一定的规律像流水一样连续闪亮，可以一个灯的正序、逆序顺序闪亮，也可以多个灯间隔点亮。根据 DE-115 的电路可知，每个流水灯单独接在一个 FPGA 端口上，FPGA 输出高电平时，点亮发光二极管，如图 5.1 所示。

任务：8 个 LED 灯中，硬件控制其中 1 个 LED 灯以 0.5 秒的速度正向流水点亮 1 次，然后逆向流水点亮 1 次，并不断循环。

目的：理解文本输入和原理图输入混合编程的设计方法

编程思路：如图 5.2 所示的系统时钟是 50MHz，需要进行分频，要求输出为 0.5 秒速度的流水灯，所以，要设计一个 1/25M 的分频器，可以采用计数的方式实现；流水灯控制器可以采用简单的移位运算符实现。

设计流程：

(1) 按照第 4 章介绍的 Quartus Ⅱ 的设计流程，新建一个名为 flow_led 的工程文件，同时，新建两个文本文件，分别取名为 clk_div 和 led_ctrol，加入工程，如图 5.3 所示。

其中，时钟分频的描述如下：

```
module clk_div(clk_50M,clk_2Hz);
    input clk_50M;
```

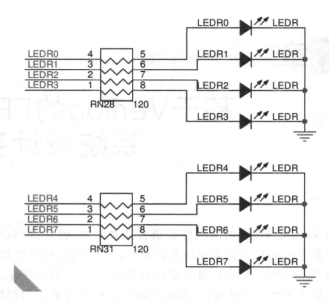

图 5.1　LED 的硬件电路

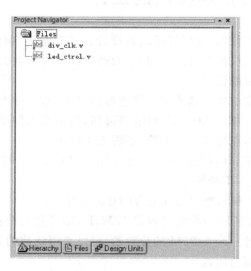

图 5.2　流水灯的设计思路

图 5.3　新建两个 Verilog HDL 文本文件

```
    output clk_2Hz;
    reg clk_2Hz;
    reg[25:0] counter;              //50M 的时钟表示为二进制有 26 位

parameter cnt = 12_500_000;         /// 2Hz 的信号需要每计数 12.5M 次后取反
    always @ (posedge clk_50M)
```

```
    begin
        counter <= counter + 1;
        if(counter == cnt/2 - 1)
                begin
                    clk_2Hz <= !clk_2Hz;
                    counter <= 0;
                end


    end
endmodule
```

流水灯控制器的描述如下：

```
module led_ctrol( rst,clk,led );
    input           clk,rst;
    output   [7:0]  led;
    reg      [7:0]  led;
    reg             flag;       //决定 LED 移动的方向

always @(posedge clk)
    begin
    if (led == 8'b00000010)     //当滚动到尽头,回到左侧起始端 flag 取反
        flag <= 0;              //由于 FPGA 的并行执行,led 要提前设置一位取反
    else if (led == 8'b01000000)
        flag <= 1;
end

always @(negedge rst or posedge clk )
    begin
    if(!rst)
        led <= 8'b00000001;
    else if (flag == 0)         //当 flag 为 0,左移
        led <= led << 1;
    else if (flag == 1)         //当 flag 为 1,右移
        led <= led >> 1;
    end


endmodule
```

（2）不要对两个工程文件进行综合，直接生成相应的工程符号，如图 5.4 所示。

（3）新建原理图文件，如图 5.5 所示，将两个文本文件生成的工程符号调入到原理图中，如图 5.6 所示，连接分频器和 LED 控制器的时钟，如图 5.7 所示，将原理图文件另存为工程文件，名为 flow_led，如图 5.8 所示。

（4）最后对工程进行编译、仿真，为简化起见，将分频比设为 1∶1，不进行分频，模块仿真结果如图 5.9 所示。

（5）仿真结果如果正确无误，则将工程文件进行编程下载，在实验板上进行验证。

任务二　花样灯模块的设计

花样灯相对于流水灯来说，变换的种类更加丰富，一般的编程思路是将所有需要显示的花样列举出来，然后再通过顺序描述的方法，依次执行每一个花样。下面举例说明。

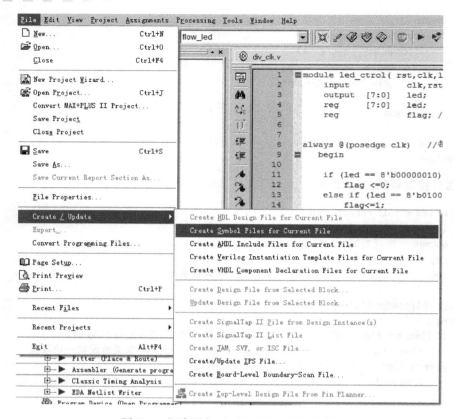

图 5.4 新建两个 Verilog HDL 文本文件

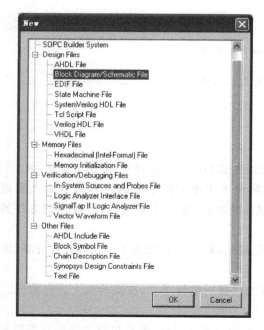

图 5.5 新建原理图文件

图 5.6 调入生成的工程符号

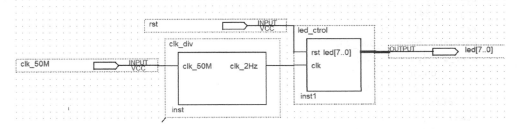

图 5.7　连接好的原理图文件

图 5.8　原理图另存为 flow_led

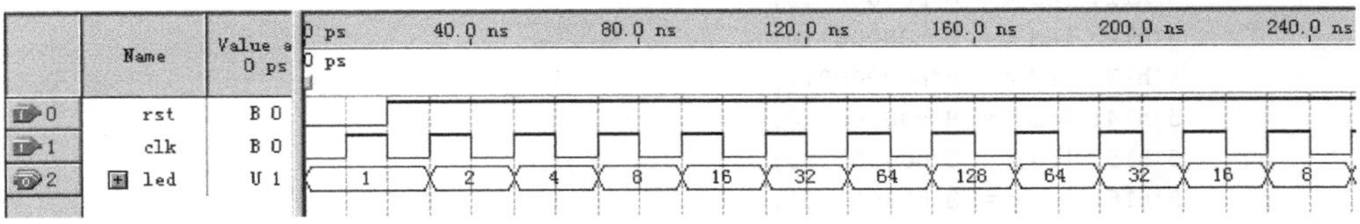

图 5.9　仿真的结果

任务：8 个 LED 灯中，硬件实现花样灯的任意有规则的闪烁。

目的：理解文本输入和原理图输入混合编程的设计方法。

编程思路：本例将分频器和 LED 控制器放在一个工程模块中。采用列举法，通过 case 语句将实现编排好的 LED 灯的亮灭情况顺序反映出来。

设计程序如下所示，所有关键点都已进行备注：

```
module led(clk,led)
    input         clk,
    output [5:0]  led;
```

```
        reg     [5:0]  led;
        reg     [24:0] count;
        reg     [5:0]  mod;
        parameter cnt = 25_000_000;
        always @(posedge clk)
            if(count == cnt - 1)
                count <= 0;
            else count = count + 1;
        always @(posedge clk)
            if (count == cnt - 1)
                if( mod > 5'h1f: )                //列举数目的多少决定 mod 值的大小
                    mod <= 0;
            else
                    mod <= mod + 1;
always @(posedge clk)
    begin
        case (mod)
            5'h00: led <= 8'b11000000;            //依次列举每次 led 的亮灭
            5'h01: led <= 8'b01100000;
            5'h02: led <= 8'b00110000;
            5'h03: led <= 8'b00011000;
            5'h04: led <= 8'b00001100;
            5'h05: led <= 8'b00000110;
            5'h06: led <= 8'b00000011;
            5'h07: led <= 8'b00001100;
            5'h08: led <= 8'b00110000;
            5'h09: led <= 8'b01100000;
            5'h0a: led <= 8'b11000000;
            5'h0b: led <= 8'b00110000;
            5'h0c: led <= 8'b00001100;
            5'h0d: led <= 8'b00011000;
            5'h0e: led <= 8'b00011000;
            5'h0f: led <= 8'b00001100;
            5'h10: led <= 8'b00001100;
            5'h11: led <= 8'b00000110;
            5'h12: led <= 8'b00000110;
            5'h13: led <= 8'b00000011;
            5'h14: led <= 8'b00000110;
            5'h15: led <= 8'b00001100;
            5'h16: led <= 8'b00011000;
            5'h17: led <= 8'b00110000;
            5'h18: led <= 8'b01100000;
            5'h19: led <= 8'b11000000;
            5'h1a: led <= 8'b01010000;
            5'h1b: led <= 8'b01001000;
            5'h1c: led <= 8'b01000100;
            5'h1d: led <= 8'b01000010;
            5'h1e: led <= 8'b10000001;
            5'h1f: led <= 8'b01000010;
            default: led <= 5'h11;
        endcase
    end
endmodule
```

5.2　按键及防抖接口电路设计

机械式键盘常见的一个问题就是：按键在闭合和断开时，触点会存在抖动现象。在按键按下或者是释放的时候都会出现一个不稳定的抖动时间，如果不处理好这个抖动时间，就无法处理好按键编码，所以设计中必须有效消除按键抖动，如图 5.10 所示。

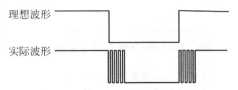

图 5.10　机械按键的抖动

在单片机的学习中，我们知道去抖动一般有两种方法：硬件去抖和软件去抖。如果采用硬件，这要用到额外的触发器，增加成本，所以我们一般用软件去抖，也就是通过延时去抖。经过测试，一般抖动时间在按下和抬起后的 20ms 以内，所以，只需要延时 20ms 再去读取按键值就可以了。

如图 5.11 所示，当按键按下时，FPGA 的输入端得到一个 0，当按键抬起由于上拉电阻的作用，FPGA 的输入端得到一个 1。

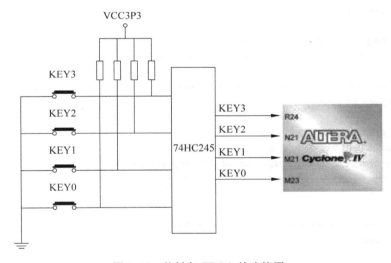

图 5.11　按键与 FPGA 的连接图

任务：实现一个简单的用三个按键分别完成三个发光二极管亮或暗的控制。

目的：理解按键防抖的编程思路，同时掌握多个 Verilog HDL 文件的编程方法

编程思路：通过设置寄存器和按键之间的逻辑运算，采集按键的按下或抬起信息，然后通过技术实现 20ms 的延时。

设计流程：

（1）新建一个工程文件，取名为 key_led，同时编写两个 Verilog HDL 文件，一个为按键防抖描述的 Verilog 文件，取名为 key_debounce.v；另一个文件为顶层文件，取名为 key_led.v，与工程名一致。

key_debounce.v 代码如下：

```verilog
module key_debounce(
  input              i_clk,
  input              i_rst_n,
  input        [3:0] i_key,                          // 按下为 0,松开为 1
  output reg[3:0] o_key_val                          // 键值
);

//++++++++++++++++++++++++++++++++++++++++++
reg [3:0] key_samp1, key_samp1_locked;

// 将 i_key 采集至 key_samp1
always @ (posedge i_clk, negedge i_rst_n)
  if(!i_rst_n)
    key_samp1 <= 4'hF;
  else
    key_samp1 <= i_key;

// 将 key_samp1 锁存至 key_samp1_locked
always @ (posedge i_clk, negedge i_rst_n)
  if(!i_rst_n)
    key_samp1_locked <= 4'hF;
  else
    key_samp1_locked <= key_samp1;
//------------------------------------

//++++++++++++++++++++++++++++++++++++++++++
wire [3:0] key_changed1;

// 当 key_samp1 由 1 变为 0 时
// key_changed1 由 0 变为 1,只维持一个时钟周期
assign key_changed1 = key_samp1_locked & (~key_samp1);
//------------------------------------

//++++++++++++++++++++++++++++++++++++++++++
reg [19:0] cnt;

// 一旦有按键按下,cnt 立即被清零
always @ (posedge i_clk, negedge i_rst_n)
  if(!i_rst_n)
    cnt <= 20'h0;
  else if(key_changed1)
    cnt <= 20'h0;
  else
    cnt <= cnt + 1'b1;
//------------------------------------

//++++++++++++++++++++++++++++++++++++++++++
reg [4:1] key_samp2, key_samp2_locked;
```

```verilog
// 只有当按键不变化(不抖动),且维持 20ms 以上时
// 才将 i_key 采集至 key_samp2
always @ (posedge i_clk, negedge i_rst_n)
  if(!i_rst_n)
    key_samp2 <= 4'hF;
  else if(cnt == 20'hF_FFFF)                    // 0xFFFFF/50M = 20.9715ms
    key_samp2 <= i_key;

// 将 key_samp2 锁存至 key_samp2_locked
always @ (posedge i_clk, negedge i_rst_n)
  if(!i_rst_n)
    key_samp2_locked <= 4'hF;
  else
    key_samp2_locked <= key_samp2;
//-----------------------------------

//+++++++++++++++++++++++++++++++++++++
wire [4:1] key_changed2;

// 当 key_samp2 由 1 变为 0 时
// key_changed2 由 0 变为 1,只维持一个时钟周期
assign key_changed2 = key_samp2_locked & (~key_samp2);
//-----------------------------------

//+++++++++++++++++++++++++++++++++++++
// 每次按键稳定后,输出键值
// 按下为 0,松开为 1
always @ (posedge i_clk, negedge i_rst_n)
  if(!i_rst_n)
    o_key_val <= 4'hF;
  else
    o_key_val <= ~key_changed2;
//-----------------------------------

endmodule
```

key_led.v 代码如下：

```verilog
module key_led(
  input          CLOCK_50M,
  input          Q_KEY,
  input    [3:0] KEY,
  output reg     [3:0] LED
);

//+++++++++++++++++++++++++++++++++++++
// 获取键值 开始
//+++++++++++++++++++++++++++++++++++++
wire [3:0] key_val;                              // 键值
```

```
key_debounce u0(
  .i_clk              (CLOCK_50M),
  .i_rst_n            (Q_KEY),
  .i_key              (KEY),
  .o_key_val          (key_val)                    // 按下为 0,松开为 1
);
//--------------------------------------
// 获取键值 结束
//--------------------------------------


//++++++++++++++++++++++++++++++++++++++
// 按下键后开关 LED 开始
//++++++++++++++++++++++++++++++++++++++
always @ (posedge CLOCK_50M, negedge Q_KEY)
  if (!Q_KEY)
      LED <= 4'hF;                                // 0 灭 1 亮
  else
      case (1'b0)
        key_val[0] : LED[0] <= ~LED[0];
        key_val[1] : LED[1] <= ~LED[1];
        key_val[2] : LED[2] <= ~LED[2];
        key_val[3] : LED[3] <= ~LED[3];
        default : LED <= LED ;                    // 默认亮灭情况不变
      endcase
//--------------------------------------
// 按下键后开关 LED 结束
//--------------------------------------


endmodule
```

(2) 将两个 Verilog HDL 文件加入工程,如图 5.12 所示。

图 5.12 工程文件框图

(3) 单击 ▶ 按钮,完成综合、编译、适配等流程,生成的 RTL 结构图如图 5.13 所示,最后将工程文件下载配置硬件到 FPGA 实验板上,并进行硬件调试。

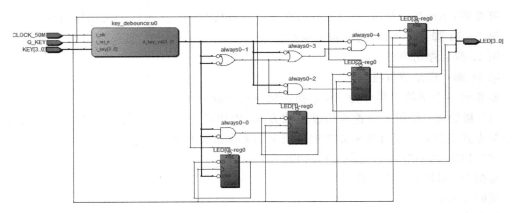

图 5.13　RTL 结构图*

5.3　LCD1602 液晶控制器设计

　　LCD 液晶的显示控制在大家学单片机的时候已经接触过了,1602 液晶也叫 1602 字符型液晶,它是一种专门用来显示字母、数字、符号等的点阵型液晶模块。它由若干个 5×7 或者 5×11 等点阵字符位组成,每个点阵字符位都可以显示一个字符。

　　LCD1602 是指显示的内容为 16×2,即可以显示两行,每行 16 个字符液晶模块(显示字符和数字),如图 5.14 所示。

　　1602 采用标准的 16 脚接口,如图 5.15 所示。

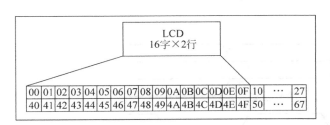

图 5.14　LCD1602 液晶显示的内容

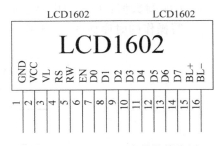

图 5.15　LCD1602 液晶的管脚图

各管脚的功能如下:

第 1 脚:GND 为电源地。

第 2 脚:VCC 接 5V 电源正极。

第 3 脚:VL 为液晶显示器对比度调整端,接正电源时对比度最弱,接地电源时对比度最高(对比度过高时会产生"鬼影",使用时可以通过一个 10kΩ 的电位器调整对比度)。

第 4 脚:RS 为寄存器选择,高电平 1 时选择数据寄存器、低电平 0 时选择指令寄存器。

第 5 脚:RW 为读写信号线,高电平(1)时进行读操作,低电平(0)时进行写操作。

---

　　*　此图为软件自动生成,未改为国标符号。

第 6 脚：EN 端为使能（enable）端，高电平（1）时读取信息，负跳变时执行指令。

第 7～14 脚：D0～D7 为 8 位双向数据端。

第 15 脚：背光源正极。

第 16 脚：背光源负极。

要显示一个字符主要分为三步：初始化→写地址→写数据。

（1）初始化：是用来设置液晶显示的方式，比如说开启显示、光标自动移位等，通过写命令的方式实现；一般可按液晶数据手册上的要求进行初始化。

1602LCD 的一般初始化（复位）过程：

写指令 38H（不检测忙信号）

延时 15ms

写指令 38H（不检测忙信号）

延时 15ms

写指令 38H（不检测忙信号）

写指令 38H：显示模式设置

写指令 08H：显示关闭

写指令 01H：显示清屏

写指令 06H：显示光标移动设置

写指令 0CH：显示开及光标设置

（2）写地址：通过写命令的方式，将需要显示字符的地址写入液晶。根据数据手册可知：液晶的第一行的首个字符的地址为 80H，其后依次加 1，直到 8FH 为止；第二行首地址为 80H+40H，其后依次加 1，直到 80H+4FH 为止。

（3）写数据：写入相应要显示字符的 ASCII 码数据。

写操作的时序如图 5.16 所示。

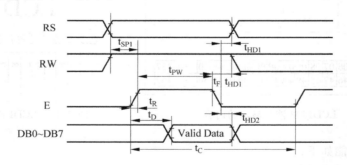

图 5.16　写操作时序图

其中，RS 为 0，表示写指令；RS 为 1，表示写数据；我们可以将时钟信号设为使能信号，也就是说，只需要在时钟上升沿到来以后，将 RS 设为 0，RW 设为 0 就可以写命令；而 RS 设为 1，RW 设为 0 则可以写数据。

在 FPGA 中，我们的设计思路主要是通过状态机来实现。

任务：在 LCD1602 上进行字符的显示，第一行显示"welcome to here"，第二行显示当前日期"2015-10-19"。

目的：了解状态机的设计思路。

编程思路：状态机设置三个状态，初始化（init）、写第一行数据（write_data_1）、写第二行数据（write_data_2）。为方便起见，没有进行状态的读取，clk 分频的时钟设为 EN 使能端，控制命令和数据的写入，由于采用 DE-115 实验板，LCD 的电源受 lcd_on 和 lcd_blon 的控制，要开启 lcd_on 才行，具体电路参见电路图，de2-115 没有背光，lcd-blon 可以为 1，也可以为 0。

设计程序如下所示，所有关键点都已进行了备注：

```verilog
module lcd1602(clk,rs,rw,en,lcd_blon,lcd_on,dat);

    input clk;
    output rs,rw,en;
    output lcd_blon,lcd_on;
    output [7:0] dat;

    reg rs,rw;
    wire en;
    reg [15:0] count;
    reg [7:0] dat;
    reg [3:0] counter;
    reg [1:0] state;
    reg clkr;
    parameter init = 2'd0,
    write_data_1 = 2'd1 ,
    write_data_2 = 2'd2 ;

    assign lcd_on = 1;
    assign lcd_blon = 1;
    assign en = clkr;                          //时钟直接作为使能信号

//-------------- 液晶读写时钟 ------------------
always @(posedge clk)
begin
    count = count + 16'd1;
    if(count == 16'h000f)
    clkr = ~clkr;
end

//------------ 液晶初始化及写数据 --------------------
always @(posedge clkr)
begin
  case(state)
  init:                                      //LCD1602 初始化
      begin
      rs = 0;rw = 0;                          //写指令模式
      counter = counter + 4'd1;
      case(counter)
          1:dat = 8'h38;                       //显示模式设置
          2:dat = 8'h08;                       //光标设计,08 代表关闭光标
```

```
                    3:dat = 8'h01;                          //显示清屏
                    4:dat = 8'h06;                          //显示光标移动设置
                    5:dat = 8'h0c;                          //显示开及光标设置
                    6:
                    begin
                        dat = 8'h80;                        //写入第一行地址
                        state = write_data_1;
                        counter = 4'd0;
                    end
                    default: counter = 4'd0;
                endcase
            end

        write_data_1:                                       //写第一行的数据
        begin
            rs = 1;                                         //写数据模式
            case(counter)
            0:dat = "w";
            1:dat = "e";
            2:dat = "l";
            3:dat = "c";
            4:dat = "m";
            5:dat = "e";
            6:dat = " ";
            7:dat = "t";
            8:dat = "o";
            9:dat = " ";
            10:dat = "h";
            11:dat = "e";
            12:dat = "r";
            13:dat = "e";
        14:
        begin
            rs = 0; dat = 8'hc0;                            //写入第二行地址
        end
        default: counter = 0;
        endcase
        if(counter == 14)
        begin
            counter = 0;
            state = write_data_2;
        end
        else counter = counter + 4'd1;
        end

        write_data_2:                                       //写第二行的数据
        begin
            rs = 1;
            case(counter)
                0:dat = "2";
                1:dat = "0";
```

```
            2:dat = "1";
            3:dat = "5";
            4:dat = " - ";
            5:dat = "1";
            6:dat = "0";
            7:dat = " - ";
            8:dat = "1";
            9:dat = "9";
           10:dat = " ";
           11:dat = " ";
           12:
                begin
                    rs = 0; dat = 8'h80;
                end
             default: counter = 0;
        endcase
        if(counter == 12)
        begin
            counter = 0;
            state = write_data_1;
        end
        else counter = counter + 4'd1;
    end

    default: state = init;

    endcase
    end

    endmodule
```

生成的状态机如图 5.17 所示。

图 5.17　生成的状态机

5.4　A/D 转换控制器的设计

ADC0809 是过去最常使用的 8 位 A/D 转换器,在单片机课程中大家也应该接触过。其内部结构如图 5.18 所示,它由 8 路模拟开关、地址锁存与译码器、8 位开关树型 A/D 转换器、三位输出锁存器组成,可以实现 8 通道的模拟信号输入和 8 位数字信号输出。

在图 5.18 中,各管脚的功能如下:

IN0～IN7:8 路模拟量输入端。

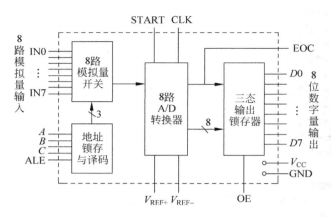

图 5.18　ADC0809 的内部结构

$D0\sim D7$：8 位数字量输出端。

A,B,C：3 位地址输入线,用于选通 8 路模拟输入中的一路。

ALE：地址锁存允许信号,输入端,产生一个正脉冲以锁存地址。

START：A/D 转换启动脉冲输入端,输入一个正脉冲(至少 100ns 宽)使其启动(脉冲上升沿使 0809 复位,下降沿启动 A/D 转换)。

EOC：A/D 转换结束信号,输出端,当 A/D 转换结束时,此端输出一个高电平(转换期间一直为低电平)。

OE：数据输出允许信号,输入端,高电平有效。当 A/D 转换结束时,此端输入一个高电平,才能打开输出三态门,输出数字量。

CLK：时钟脉冲输入端。要求时钟频率不高于 640kHz。

REF($+$)、REF($-$)：基准电压。

V_{CC}：电源,$+5$V。

GND：地。

由 ADC0809 的原理分析和数据手册可知,其时序图如图 5.19 所示。

其工作原理是：首先输入 3 位地址,并使 ALE$=1$,将地址存入地址锁存器中。此地址经译码选通 8 路模拟输入之一到比较器。START 上升沿将逐次逼近寄存器复位。下降沿启动 A/D 转换,之后 EOC 输出信号变低,指示转换正在进行。直到 A/D 转换完成,EOC变为高电平,指示 A/D 转换结束,结果数据已存入锁存器,当 OE 输入高电平时,输出三态门打开,转换结果的数字量输出到数据总线 $D0\sim D7$ 上。

任务：用三位拨码开关控制模拟通道的输入(例如,当拨码开关为低时,选中 0 通道为输入转换通道),通过 ADC0809 实现模数转换,其结果存入 FPGA 的寄存器中。

目的：数字模数转换器的应用,了解状态机的设计。

编程思路：状态机设置四个状态,分别为 IDLE(空闲)、BEGING(转换开始)、CHECK_END(判断转换是否结束)、GET_DATA(获取转换结果),其状态转换图如图 5.20 所示。

根据以上分析,对 ADC0809 控制电路的描述如下,所有关键点都已进行备注：

```
module adc0809 ( ALE ,OE ,START,ADDR_OUT ,DATA ,CLK_50M ,rst_n,ADDR_IN , EOC );
```

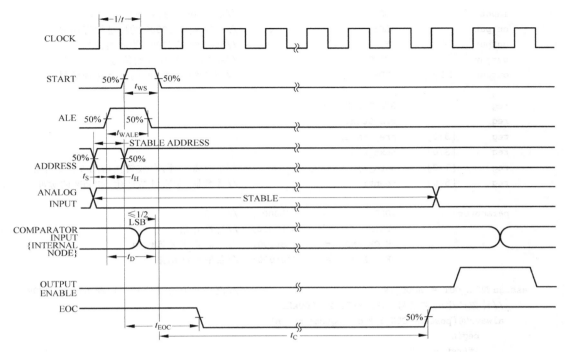

图 5.19 ADC0809 的时序图

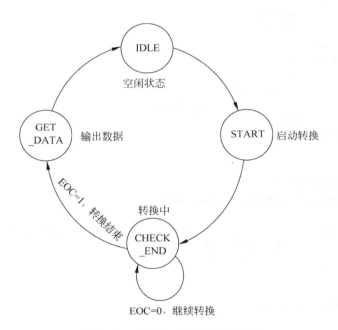

图 5.20 ADC0809 的状态转换图

```
input              CLK_50M ;                //系统时钟
input              rst_n ;                  //系统复位
input      [2:0]   ADDR_IN;                 //按键控制模拟通道
input      [7:0]   DATA;                    //ADC0809 传进来的数据
```

```
        input                EOC;                          //ADC0809 转换完成信号标志
        output               ALE;                          //FPGA 给 ADC0809 的地址锁存信号
        output               OE;                           //FPGA 给 ADC0809 的使能信号
        output               START;                        //ADC0809 转换开始信号
        output      [2:0]     ADDR_OUT ;                    //FPGA 给 ADC0809 的通道选择信号

        reg                  START, ALE, OE;
        reg                  clk_500k;
        reg         [3:0]     pre_state;
        reg         [3:0]     next_state;
        reg         [7:0]     data_r;                       //临时寄存器,存放转换后的 8 位数字信号
        reg         [5:0]     count;                        //计数器,用来计数产生 500kHz 的脉冲

        parameter            IDLE       =      4'b0001,     //空闲
                             BEGIN      =      4'b0010,     //转换开始
                             CHECK_END  =      4'b1100,     //判断是否转换结束
                             GET_DATA   =      4'b1000;     //获取转换结果

assign ADDR_OUT = ADDR_IN ;                               //模拟通道选通信号直接输出给 ADC0809
    //计数产生时钟信号 -> 50M/50/2 = 500kHz
    always@(posedge CLK_50M or negedge rst_n)
        begin
        if(rst_n == 0)
                begin
                    count = 0;
                    clk_500k = 0;
                end
            else if (count == 50)
                    begin
                        count = 0;
                        clk_500k = ~clk_500k;
                    end
     else count = count + 1;
    end


    //状态机的主控时序
    always @ (posedge clk_500k or negedge rst_n)
      begin
          if(!rst_n)      pre_state <= IDLE;              //异步复位,s0 为起始状态
          else            pre_state <= next_state;
      end

//状态转换
always @ ( EOC or pre_state )
    begin
        case(pre_state)
        IDLE:
                begin
                    OE <= 0;
                    START <= 0;
                    ALE <= 0;
```

```
                    next_state <= BEGIN;
              end
        BEGIN:
              begin
                    OE <= 0;
                    START <= 1;                         //产生启动信号
                    ALE <= 1;
                  next_state <= CHECK_END;
              end

        CHECK_END:
              begin
                    OE <= 0;
                    START <= 0;
                    ALE <= 0;
                    if ( EOC == 1'b1 )               //判断转换是否结束
                            next_state <= GET_DATA;
                     else
                            next_state <= CHECK_END;

              end
        GET_DATA:
              begin
                    OE <= 1;                         //高电平打开三态缓冲器输出转换数据
                    data_r <= DATA;                  //提取转换数据
                    START <= 0;
                    ALE <= 0;
                    next_state <= IDLE;
              end
        default:
              begin
                    OE <= 0;
                    START <= 0;
                    ALE <= 0;
                    next_state <= IDLE;
              end
        endcase
    end
endmodule
```

生成的状态机如图 5.21 所示。

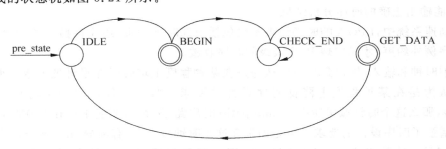

图 5.21 通过命令生成的 ADC0809 的状态机

第 6 章　时序约束分析及实例讲解

6.1　关于时序约束

下面举一个最简单的例子来说明时序分析的基本概念。

假设信号需要从输入到输出在 FPGA 内部经过一些逻辑延时和路径延时。我们的系统要求这个信号在 FPGA 内部的延时不能超过 15ns,而开发工具在执行过程中找到了如图 6.1 所示的一些可能的布局布线方式。那么,怎样的布局布线能够达到我们的要求呢? 仔细分析一番,发现所有路径的延时可能为 14ns、14ns、16ns、17ns、18ns,有两条路径能够满足要求,布局布线就会选择满足要求的两条路径之一。

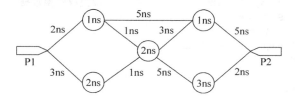

图 6.1　可能的布局布线方式

时序约束的主要作用如下:

- 提高设计的工作频率,通过附加时序约束可以控制逻辑的综合、映射、布局和布线,以减小逻辑和布线延时,从而提高工作频率。
- 获得正确的时序分析报告 Quartus Ⅱ 的静态时序分析(STA)工具以约束作为判断时序是否满足设计要求的标准,因此要求设计者正确输入时序约束,以便 STA 工具能输出正确的时序分析结果。

在高速系统中,FPGA 的时序约束不仅包括内部时钟约束,还应包括完整的 IO 时序约束和时序例外约束,才能实现 PCB 板级的时序收敛。

其中时钟和输入/输出延迟可以认为是在某种程度上增强时序设计的要求。而时序例外可以认为是在某种程度上降低时序设计的要求。假设仅仅设定一个时钟的频率为 200MHz,那么这个时钟域里所有 timing path(时序路径)都需要能工作在 200MHz 下。这显然是增强了时序设计的要求。可是如果在这个时钟域下面,有部分 timing path 是不需要按照 200MHz 的要求去 check(检测)的,那么就可以通过添加时序例外来避免对这些 timing path 做 200MHz 的 check,即降低了时序设计的要求。

在用 TimeQuest 做时序分析时,如果非常熟悉设计的构架和对时序的要求,又比较熟悉 sdc 的相关命令,那么可以直接在 sdc 文件里输入时序约束的命令。而通常情况下,可以利用 TimeQuest GUI 提供的设定时序约束的向导添加时序约束。不过需要注意的是,用向导生成的时序约束,并不会被直接写到 sdc 文件里,所以如果要保存这些时序约束,必须在 TimeQuest 用 write sdc 命令来保存所生成的时序约束。

6.2 输入最大最小延时

外部器件发送数据到 FPGA 系统模型如图 6.2 所示。对 FPGA 的 IO 口进行输入最大最小延时约束是为了让 FPGA 设计工具尽可能地优化从输入端口到第一级寄存器之间的路径延迟,使其能够保证系统时钟可靠地采集到从外部芯片到 FPGA 的信号。

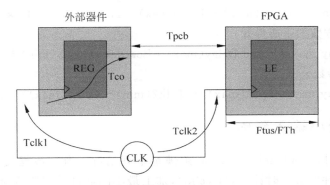

图 6.2 外部器件发送数据到 FPGA 系统模型

输入延时即为从外部器件发出数据到 FPGA 输入端口的延时时间,其中包括时钟源到 FPGA 延时和到外部器件延时之差、经过外部器件的数据发送 Tco,再加上 PCB 板上的走线延时。如图 6.3 所示,为外部器件和 FPGA 接口时序。其中 Tclk1 代表时钟偏斜,Tco 代表器件数据输入延时,Data Valid 代表有效数据区,Tpcb 代表走线延时,Tclk2 代表振荡器与 FPEA 时钟信号的时差,FTh 代表保持时间,setup slack 代表建立时间裕度,FTsu 代表当前建立时间。

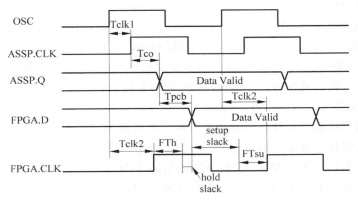

图 6.3 外部器件和 FPGA 接口时序

6.2.1　最大输入延时

最大输入延时(input delay max)必须满足下列情况：当从数据发送时钟沿(launch edge)经过外部器件的最大时钟偏斜(Tclkl)，加上最大的器件数据输入延时(Tco)，加上最大的PCB走线延时(Tpcb)，再加上当前的建立时间FTsu的总和要小于或等于基准时钟Tclk与最小时钟偏斜Tclk之和。这样才能保证FPGA的建立时间，准确采集到本次数据位，即为setup slack必须为正，计算公式如下式所示：

$$\text{Setup slack} = (T_{clk} + T_{clk2}(min)) - (T_{clk1}(max) + T_{co}(max) + T_{pcb}(max) + FT_{su}) \geqslant 0 \tag{6-1}$$

推出如下公式：

$$T_{clk1}(max) + T_{co}(max) + T_{pcb}(max) - T_{clk2}(min) \leqslant T_{clk} + FT_{su} \tag{6-2}$$

由 Altera 官方数据手册得知：

$$\text{input delay max} = \text{Board Delay}(max) + \text{Boardclockskew}(min) + T_{co}(max) \tag{6-3}$$

结合本系统参数公式为：

$$\text{input delay max} = T_{pcb}(max) - (T_{clk2}(min) - T_{clk1}(max)) + T_{co}(max) \tag{6-4}$$

6.2.2　最小输入延时

最小输入延时(input delay min)必须满足下列情况：当从数据发送时钟沿(launch edge)经过外部器件的最小时钟偏斜(Tclkl)，加上最小的器件数据输入延时(Tco)，再加上最小的PCB走线延时(Tpcb)，此时求出的时间总和一定要大于或等于FPGA的最大时钟延时和当前保持时间之和，这样才能不破坏FPGA上一次数据的保持时间，即 Hold slack 必须为正，计算公式如下式所示：

$$\text{Hold slack} = (T_{clk1}(min) + T_{co}(min) + T_{pcb}(min)) - (FT_h + T_{clk2}(max)) \geqslant 0 \tag{6-5}$$

推出公式：

$$T_{clk1}(min) + T_{co}(min) + T_{pcb}(min) - T_{clk2}(max) \geqslant FT_h \tag{6-6}$$

由 Altera 官方数据手册得知：

$$\text{input delay max} = \text{Board Delay}(min) - \text{Boardclockskew}(min) + TCO(min) \tag{6-7}$$

结合本系统参数公式为：

$$\text{input delay max} = T_{pcb}(min) - (T_{clk2}(max) - T_{clk1}(min)) + T_{co}(min) \tag{6-8}$$

由公式(6-4)和公式(6-8)得知，进行输入最大最小延时的计算，需要估算 4 个值：

(1) 外部器件输出数据通过 PCB 板到达 FPGA 端口的最大位和最小位 Tpcb，PCB 延时经验值为 600mil/ns，1mm=39.37mil；

(2) 外部器件接收到时钟信号后输出数据延时的最大值和最小值 Tco；

(3) 时钟源到达外部器件的最大、最小时钟偏斜 Tclk1；

(4) 时钟源到达 FPGA 的最大、最小时钟偏斜 Tclk2。

当外部器件的时钟是由 FPGA 提供的时候，Tclk1 和 Tclk2 即合成 Tshew，如图 6.4 所示。

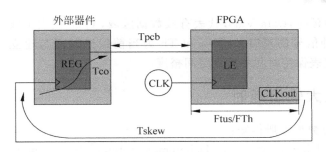

图 6.4 FPGA 输出时钟模型

6.3 输出最大最小延时

FPGA 输出数据到外部器件系统模型如图 6.5 所示。对 FPGA 的 IO 口进行输出最大最小延时约束是为了让 FPGA 设计工具能够尽可能优化从第一级寄存器到输出端口之间的路径延迟,使其能够保证让外部器件准确地采集到 FPGA 的输出数据。

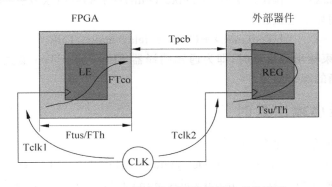

图 6.5 FPGA 输出数据到外部器件系统模型

输出延时即为从 FPGA 输出数据后到达外部器件的延时时间,其中包括时钟源到 FPGA 延时和到外部器件延时之差、PCB 板上的走线延时以及外部器件的数据建立和保持时间。如图 6.6 所示,为 FPGA 和外部器件接口时序图。其中 Tclk1 代表时钟偏斜,FTco

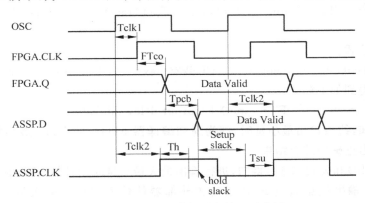

图 6.6 FPGA 和外部器件接口时序图

代表器件数据输出延时,Data Valid 代表有效数据区域,Tpcb 代表走线延时,Tclk2 代表振荡器与 FPGA 时钟信号的延时差,Tsu 和 Th 为当前保持时间与建立时间,hold slack 与 setup slack 分别代表保持时间和建立时间裕度。

6.3.1　最大输出延时

由 Altera 官方数据手册得知:

$$\text{Output delay max} = \text{Board Delay(max)} - \text{Boardclockskew(min)} + \text{Tsu} \tag{6-9}$$

由上式得知,最大输出延时(output delay max)为当从 FPGA 数据发出后经过最大的 PCB 延时、最小的 FPGA 和器件时钟偏斜,再加上外部器件的建立时间。约束最大输出延时,是为了约束 IO 口输出,从而使外部器件的数据建立时间 Setup slack 必须为正,计算公式如下式所示:

$$\text{Setup slack} = (\text{Tclk} + \text{Tclk2(min)}) - (\text{Tclk1(max)} + \text{FTco} + \text{Tpcb(max)} + \text{Tsu}) \geqslant 0 \tag{6-10}$$

推出如下公式:

$$\text{FTco (max)} + \text{Tpcb (max)} - (\text{Tclk2 (min)} - \text{Tclk1(max)}) + \text{Tsu} \leqslant \text{Tclk} \tag{6-11}$$

再次推导得到如下公式:

$$\text{FTco(max)} + \text{Output delay max} \leqslant \text{Tclk} \tag{6-12}$$

由此可见,约束输出最大延时,即为通知编译器 FPGA 的 FTco 最大值为多少,根据这个最大值做出正确的综合结果。

6.3.2　最小输出延时

由 Altera 官方数据手册得知:

$$\text{Output delay min} = \text{Board Delay(min)} - \text{Boardclockskew(max)} - \text{Th} \tag{6-13}$$

由上式得知,最小输出延时(output delay min)为当从 FPGA 数据发出后经过最小的 PCB 延时、最大的 FPGA 与器件时钟偏斜,再减去外部器件的建立时间。约束最小输出延时,是为了约束 IO 口输出,从而使 IO 口输出 1 个最小延时值,防止输出过快,破坏了外部器件上一个时钟的数据保持时间,导致 Hlod slack 为负值,不能正确地锁存到数据,最小输出延时的推导计算公式如下式所示:

$$\text{Hold slack} = (\text{Tclk1(min)} + \text{FTco(min)} + \text{Tpcb(min)}) - (\text{Th} + \text{Tclk2(max)}) \geqslant 0 \tag{6-14}$$

推出如下公式:

$$\text{FTco(min)} + \text{Tpcb(min)} - (\text{Tclk2(max)} - \text{Tclk1 (min)}) - \text{Th} \geqslant 0 \tag{6-15}$$

再次推导得到如下公式:

$$\text{FTco(min)} + \text{Output delay min} \geqslant 0 \tag{6-16}$$

由公式得知,约束输出最小延时,即为通知编译器 FPGA 的 FTco 最小值为多少,根据这个最小值做出正确的综合结果。

由公式(6-10)和公式(6-14)得知,进行输出最大最小延时的计算,需要估算 4 个值:

(1) FPGA 输出数据通过 PCB 板到达外部器件输入端口的最大值和最小值 Tpcb; PCB 延时经验值为 600mil/ns,1mm = 39.37mil;

（2）时钟源到达外部器件的最大、最小时钟偏斜 Tclk2；

（3）时钟源到达 FPGA 的最大、最小时钟偏斜 Tclk1；

（4）外部器件的建立时间 Tsu 和保持时间 Th。

当外部器件时钟是由 FPGA 提供的时候，Tclk1 和 Tclk2 即合成 Tshew，如图 6.7 所示。

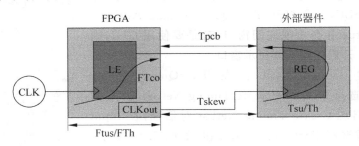

图 6.7 FPGA 提供时钟模型

6.4 时序约束实例讲解

6.4.1 时钟的时序约束

假设 quartus 安装目录在 C:\altera 下；那么先打开 C:\altera\11.0\quartus\qdesigns\ fir_filter 下的工程文件 fir_filter.qpf，我们以此来学习如何进行时钟时序约束。图 6.8 就是 FIR 滤波器的内部结构图。

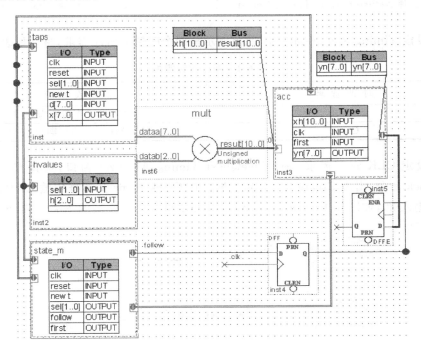

图 6.8 FIR 滤波器的结构图

（1）编译：选择 Processing→Stare Analysis&Synthesis 命令进行编译，编译完后单击 OK 按钮，关闭窗口。

（2）开启（TimeQuest Timing Analyzer）：选择 Tools→ TimeQuest Timing Analyzer 命令，因为 TimeQuest Timing Analyzer 需要 SDC，如果打开 TimeQuest Timing Analyzer 没有 .sdc，Quartus Ⅱ 会出现询问窗口，若是要使用 GUI，则单击 NO 按钮。开启如图 6.9 所示窗口。

（3）创建 Timing Netlist：在 TimeQuest Timing Analyzer 窗口，选择 Netlist→Create Timing Netlist 命令，如图 6.10 所示，出现 Create Timing Netlist 对话框，在 Input netlist 选项区域选择 Post-map 单选按钮，如图 6.11 所示。单击 OK 按钮，双击在 Task 窗格中的 Create Timing Netlist 选项，建立成功会在 Task 窗格中看到 Create Timing Netlist 变成了绿色。

图 6.9 TimeQuest Timing Analyzer 窗口

图 6.10 选择 Netlist→Create Timing Netlist 命令

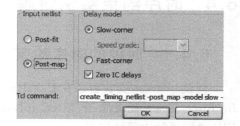

图 6.11 创建 Timing Netlist

（4）设定 Timing Requirements：此范例示范两个时钟的时序需求，整理如表 6.1 所示。

表 6.1 两个时钟需求

时 钟 管 脚	参 数 要 求
Clk	50MHz，工作周期为 50/50
Clkx2	100MHz，工作周期为 60/40

（5）设定 CLK 时序需求：在 TimeQuest Timing Analyzer 窗口，选择 Constraints→ Create Clock 命令，出现 Create Clock 对话框。在 Clock name 文本框中输入 clk，在 Period 文本框中输入 20，如图 6.12 所示。在 Waveform egdes 选项区域的 Rising 与 Falling 默认

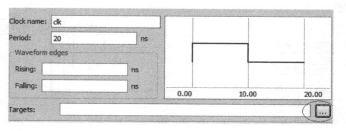

图 6.12 在 Clock name 文本框中输入 clk

为预设的工作周期 50/50。再单击 Target 后的省略号按钮,出现 Name Finder 对话框,单击 List 按钮,会出现电路的所有脚位名称,在 clk 脚位名称上双击,将 clk 选择到右侧列表中,如图 6.13 所示。单击 OK 按钮关闭回到 Creat Clock 对话框,设定完成界面如图 6.14 所示。再单击 Run 按钮,可以看到 Console 对话框有加入时钟时序要求的文字,如图 6.15 所示。

图 6.13　Name Finder 对话框

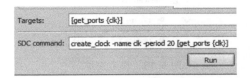

图 6.14　Name Finder 对话框设定完成

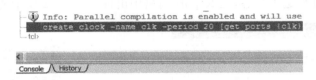

图 6.15　Console 讯息

(6) 设定 clkx2 时序需求:在 TimeQuest Timing Analyzer 窗口,选择 Constraints→Create Clock 命令,出现 Create Clock 对话框。在 Clock Name 文本框中输入 clkx2,在 Period 文本框中输入 10,在 Waveform egdes 选项区域的 Falling 文本框中输入 6,则可以设定工作周期为 60/40。再单击 Target 后的省略号按钮,出现 Name Finder 视窗,单击 List 按钮,会出现电路的所有脚位名称,在 clkx2 脚位名称上双击,将 clkx2 选择到右侧列表中,单击 OK 按钮关闭回到 Creat Clock 对话框,设定完成界面如图 6.16 所示。再单击 Run 按钮,可以看到 Console 对话框有加入时钟时序要求的文字,如图 6.17 所示。

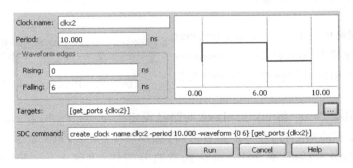

图 6.16　设定 clkx2 时序

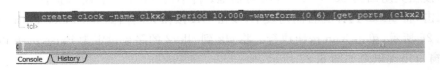

图 6.17　Console 对话框

同时可以在左边 Tasks 窗格中会看到 Read SDC File 变成了绿色,如图 6.18 所示。

(7) 存档:在 TimeQuest Timing Analyzer 对话框的 Task 窗格中有一个 Write SDC File 功能,如图 6.19 所示;可以直接单击 Task 中的 Write SDC File 选项,开启 Write SDC File 对话框,在 SDC file name 文本框中输入 filtref.sdc,单击 OK 按钮,如图 6.20 所示。

图 6.18　设定完成

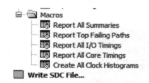

图 6.19　Write SDC File 功能

(8) 产生时序报告,单击 Task 窗格中的 Report SDC 选项,如图 6.21 所示,会开始执行并在 Report SDC 处呈选中状态,在 Report 窗格中出现如图 6.22 所示的结果。

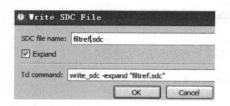

图 6.20　输出成 filtref.sdc 文档

图 6.21　选择 Report SDC 选项

单击 Task 窗格中的 Report Clocks 选项,会开始执行并在 Report Clocks 处呈选中状态,在 Report 窗格中出现如图 6.23 所示的结果。

SDC Command	Name	Period	Waveform	Targets
create_clock	clk	20.000	{ 0.000 10.000 }	[get_ports {clk}]
create_clock	clkx2	10.000	{ 0.000 6.000 }	[get_ports {clkx2}]

图 6.22　Report SDC 窗格

Clock Name	Type	Period	Frequency	Rise	Fall
clk	Base	20.000	50.0 MHz	0.000	10.000
clkx2	Base	10.000	100.0 MHz	0.000	6.000

图 6.23　Report Clocks 窗格

单击 Task 窗格中的 Report Clocks Transfers 选项,会开始执行并在 Report Clocks Transfers 处呈选中状态,在 Report 窗格中出现如图 6.24 所示的结果。

From Clock	To Clock	RR Paths	FR Paths	RF Paths	FF Paths
clk	clk	81066	0	0	0
clk	clkx2	16	0	0	0

图 6.24　Report Clocks Transfers 窗格

(9) 设定 False Path:将 clk 到 clkx2 的路径设定为 False Path,在 Setup Transfers 窗格的 From clock 下的第二行,在 clk 上右击,再选择 Set False Path 命令,如图 6.25 所示。出现 Set False Path 对话框,单击 From 后的省略号按钮,出现 Name Finder 对话框,单击 list 按钮,会出现电路的所有脚位名称,在 clk 脚位名称上双击,将 clk 选择到右侧列表中,单击 OK 按钮关闭回到 Set False Path 对话框;再单击 To 后的省略号按钮,在 clkx2 脚位名称上双击,将 clkx2 选择到右侧列表中,单击 OK 按钮关闭回到 Set False Path 对话框,结果如图 6.26 所示,单击 Run 按钮执行。将 clk 到 clkx2 的路径设定为 False path 以后,会在 Console 窗口出现讯息如图 6.27 所示。

图 6.25 设定 False Path

图 6.26 Set False Path 对话框（部分）

图 6.27 Console 讯息

（10）更新 Timing Netlist：因为前一步骤多加了一个设定，所以要更新 Timing Netlist。双击 Task 窗格中的 Update Timing Netlist 选项，会看到开始执行并且 Update Timing Netlist 变成了绿色，如图 6.28 所示。

图 6.28 更新 Timing Netlist

（11）验证：要确认前一步骤的选项设定是否成功，可以使用 Report SDC 指令。双击 Task 窗格中的 Report SDC，会开始执行并在 Report 窗格中出现如图 6.29 所示的结果。

再双击 Task 窗格中的 Report Clock Transfers 选项，会开始执行并在 Report 窗格中出现如图 6.30 所示的结果。从 RR Paths 栏中可以看到 false path 的文字出现，这表示已经设定成功。

SDC Command	Name	Period	Waveform	Targets
create_clock	clk	20.000	{ 0.000 10.000 }	[get_ports {clk}]
create_clock	clkx2	10.000	{ 0.000 6.000 }	[get_ports {clkx2}]

图 6.29 Report 窗格一

From Clock	To Clock	RR Paths
clk	clk	81066
clk	clkx2	false path

图 6.30 Report 窗格二

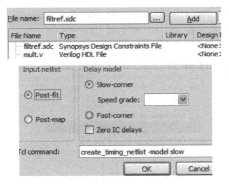

图 6.31 Create Timing Netlist 对话框

（12）创造 Timing Netlist：在 Time Quest Timing Analyzer 对话框中选择 Netlist → Create Timing Netlist 命令，出现 Create Timing Netlist 对话框，在 Input netlist 选中项区域选 Post-fit 单选按钮，如图 6.31 所示，单击 OK 按钮。建立成功会在左边 Task 窗格中看到 Create Timing Netlist 变成绿色。

（13）读入 SDC 文档：在 TimeQuest Timing Analyzer 对话框中选择 Constraints → Read SDC File 命令，如图 6.32 所示。出现 Open 对话框，选择 filtref.sdc 文档，选定好单击 Open 按钮。在左边的 Task 窗格中会看到 Read SDC File 变成了绿色。在 TimeQuest Timing Analyzer 对话框下方的讯息窗格可以看到如图 6.33 所示的讯息。

（14）更新 Timing Netlist：因为前一个步骤多加了一个限定，所以要更新 Timing Netlist。双击 Task 窗格中的 Update Timing Netlist 选项，会看到开始执行且 Update Timing Netlist 变成绿色；选取 Report 标签，双击 Task 窗格中的 Report All Summary 选项，会开始执行并在 Report 窗格中出现如图 6.34 所示的结果。

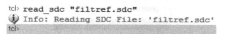

图 6.32　读入 SDC 文档　　　　　　　　图 6.33　Console 讯息

图 6.34　Report All Summary

双击 Report 窗格中的 Summary(Setup)选项，会在右方视窗中出现如图 6.35 所示的结果。

双击 Report 窗格中的 Summary(HOLD)选项，会在右方视窗中出现如图 6.36 所示的结果。

图 6.35　Summary(Setup)　　　　　　　图 6.36　Summary(Hold)

双击 Report 窗格中 Unconstrained Paths 选项，会在右方窗格中出现如图 6.37 所示的结果。

6.4.2　I/O 口的时序约束

(1) 开启工程文件。打开 E:/ fir_filter 目录下的 fir_filter.qpf 工程，开启 Quartus，如图 6.38 所示。

	Unconstrained Paths Summary		
	Property	Setup	Hold
1	Illegal Clocks	0	0
2	Unconstrained Clocks	0	0
3	Unconstrained Input Ports	10	10
4	Unconstrained Input Port Paths	79	79
5	Unconstrained Output Ports	10	10
6	Unconstrained Output Port Paths	10	10

图 6.37　Unconstrained Paths Summary

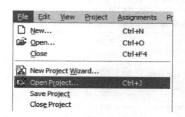

图 6.38　开启 fir_filter

(2) 设定 TimeQuest Timing Analyzer：选择 Assignments→Settings 命令，出现 Settings 对话框，在左边列表中选择 Timing Analysis Settings 选项，在右边对话框中选择 Use TimeQuest Timing Analyzer during compilation 单选按钮，如图 6.39 所示，单击 OK 按钮关闭对话框。

(3) 编译：选择 Processing→Start Analysis&Synthesis 命令进行编译，最后出现讯息窗口，单击 OK 按钮关闭窗口。

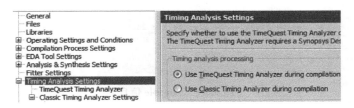

图 6.39　设定 TimeQuest Timing Analyzer

（4）开启 TimeQuest Timing Analyzer：选择 Tools→TimeQuest Timing Analyzer 命令，然后打开 TimeQuest Timing Analyzer 窗格，如图 6.40 所示。

（5）创建 TimingNetlist：在 TimeQuest Timing Analyzer 窗口选择 Netlist→Create Timing Netlist

图 6.40　TimeQuest Timing Analyzer 窗格

命令，出现 Create Timing Netlist 对话框，在 Input netlist 选项区域选择 Post-map 单选按钮，如图 6.41 所示，单击 OK 按钮，即会出现 Timing Netlist。建立成功会在左边的 Task 窗格中看到 Create Timing Netlist 选项变成了绿色，如图 6.42 所示。

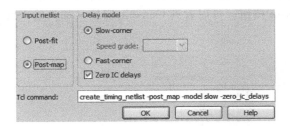

图 6.41　创建 Timing Netlist

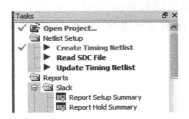

图 6.42　Create Timing Netlist 生成成功

（6）设定 clk 时序需求：在 TimeQuest Timing Analyzer 窗口选择 Constraints→Create Clock 命令，出现 Create Clock 对话框。在 Clock name 文本框中输入 clk，在 Period 输入 20。再单击 Target 后的省略号按钮。出现 Name Finder 对话框，单击 List 按钮，会出现工程顶层电路的所有管脚的名称，单击 OK 按钮，回到 Creat Clock 对话框，设定完成界面如图 6.43 所示。再单击 Run 按钮，可以看到 Console 窗口有加入时钟时序要求的文字，如图 6.44 所示。

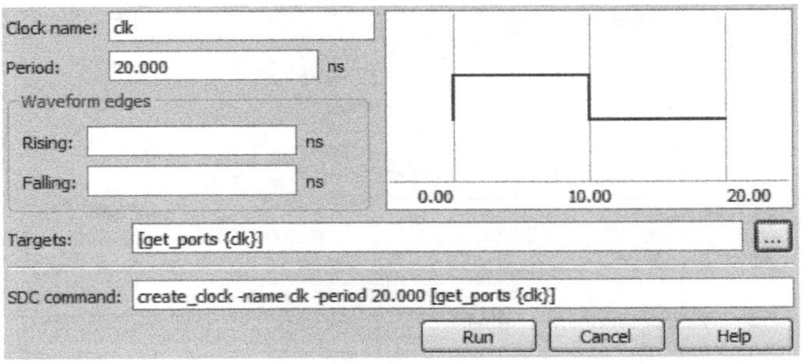

图 6.43　Creat Clock 对话框设定完成

图 6.44　Console 信息

（7）输入延时的时序要求：此范例示范的输入时间延时的时序需求，整理如表 6.2 所示。

表 6.2　输入延迟的时序需求

脚位名称	输入/输出	需　　　求
d[7:0]	输入	相对于时脉信号触发沿为 2ns
Newt	输入	相对于时脉信号触发沿为 2ns
reset	输入	相对于时脉信号触发沿为 2ns

（8）设定输入管脚时序需求：在 TimeQuest Timing Aanlyzer 窗口选择 Constrains→Set Input Delay 命令，出现 Set Input Delay 对话框。在 Clock name Finder 窗格单击 List 按钮，选择如图 6.45 所示的 input 到右侧清单中。单击 OK 按钮回到 Set Input Delay 对话框，设定完成界面如图 6.46 所示。再单击 Run 按钮。可以看到 Console 窗格又加入输入管脚时序要求的文字，如图 6.47 所示。

图 6.45　选择输入管脚

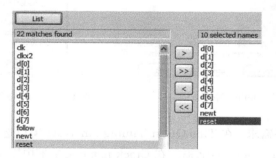

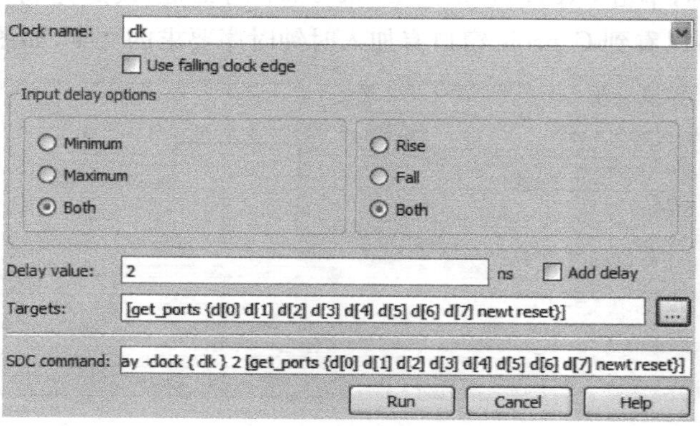

图 6.46　Create Clock 对话框设定完成

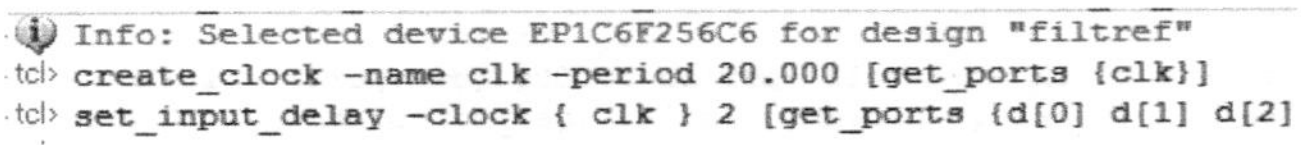

```
Info: Selected device EP1C6F256C6 for design "filtref"
tcl> create_clock -name clk -period 20.000 [get_ports {clk}]
tcl> set_input_delay -clock { clk } 2 [get_ports {d[0] d[1] d[2]
```

图 6.47 Console 信息

（9）输出延迟的时序需求：此范例示范的输出时间延迟的时序需求，整理如表 6.3 所示。

表 6.3 输出延迟的时序需求

脚位名称	输入/输出	需 求
yn_out[7:0]	输出	相对于时脉信号触发沿为 1.5ns
yvalid	输出	相对于时脉信号触发沿为 1.5ns
follow	输出	相对于时脉信号触发沿为 1.5ns

（10）设定输入管脚时序需求：在 TimeQuest Timing Aanlyzer 窗口选择 Constrains→ Set Input Delay 命令，出现 Set Input Delay 对话框。在 Clock name 文本框中输入 clk，在 Delay value 文本框中输入 1.5。再单击 Target 后的省略号按钮。出现 Name Finder 对话框，单击 list 按钮，选择如图 6.48 所示的 Output 到右侧清单中。单击 OK 按钮，回到 Set Output Delay 对话框，设定完成界面如图 6.49 所示。再单击 Run 按钮。可以看到 Console 窗格有加入时钟时序要求的文字，如图 6.50 所示。

图 6.48 选择输入管脚

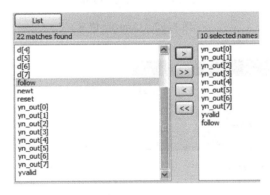

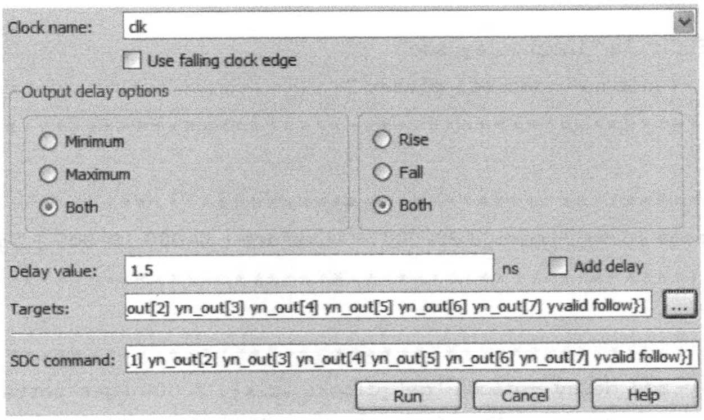

图 6.49 Create Clock 对话框设定完成

```
Info: Selected device EP1C6F256C6 for design "filtref"
create_clock -name clk -period 20.000 [get_ports {clk}]
set_input_delay -clock { clk } 2 [get_ports {d[0] d[1] d[2] d[3]
set_output_delay -clock { clk } 1.5 [get_ports {yn_out[0] yn_out
```

图 6.50　Console 信息

（11）更新 Timing Nelist：单击 Tasks 窗格中的 Update Timing Nelist 选项，会看到开始执行并且 Update Timing Nelist 变成了绿色，如图 6.51 所示。在 TimeQuest Timing Aanlyzer 窗口下方的讯息窗格可以看到如图 6.52 所示的信息。

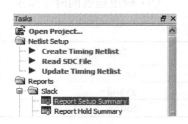

图 6.51　单击 Update Timing Netlist 结果

（12）存档：在 TimeQuest Timing Aanlyzer 窗口的 Task 窗格中，有一个选项 Write SDC File 功能，可以直接双击 Task 窗格中的 Write SDC File 选项，或者选择 Constrain→Write SDC File 命令，都会开启 Write SDC File 对话框。在 SDC file name 文本框中输入 inout_delay.sdc，单击 OK 按钮，如图 6.53 所示。在 TimeQuest Timing Analyzer 窗口下方的讯息窗格可以看到如图 6.54 的信息。

```
update_timing_netlist
Warning: Node: clkx2 was determined to be a clock but was found
```

图 6.52　Console 信息

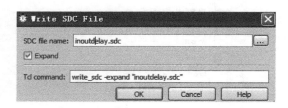

图 6.53　存档

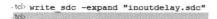

图 6.54　存档的 Console 信息

（13）查看 inout_delay.sdc 文档：可以用文字编辑器打开 inout_delay.sdc 文件，内容如下所示：

```
# # Generated SDC file "inoutdelay.sdc"
set_time_format - unit ns - decimal_places 3
# ************************************************************
# Create Clock
# ************************************************************
create_clock - name {clk} - period 20.000 - waveform { 0.000 10.000 } [get_ports {clk}]
# ************************************************************
# Set Input Delay
# ************************************************************
set_input_delay - add_delay - clock [get_clocks {clk}] 2.000 [get_ports {d[0]}]
set_input_delay - add_delay - clock [get_clocks {clk}] 2.000 [get_ports {d[1]}]
set_input_delay - add_delay - clock [get_clocks {clk}] 2.000 [get_ports {d[2]}]
```

```
set_input_delay - add_delay - clock [get_clocks {clk}] 2.000 [get_ports {d[3]}]
set_input_delay - add_delay - clock [get_clocks {clk}] 2.000 [get_ports {d[4]}]
set_input_delay - add_delay - clock [get_clocks {clk}] 2.000 [get_ports {d[5]}]
set_input_delay - add_delay - clock [get_clocks {clk}] 2.000 [get_ports {d[6]}]
set_input_delay - add_delay - clock [get_clocks {clk}] 2.000 [get_ports {d[7]}]
set_input_delay - add_delay - clock [get_clocks {clk}] 2.000 [get_ports {newt}]
set_input_delay - add_delay - clock [get_clocks {clk}] 2.000 [get_ports {reset}]
# **************************************************************
# Set Output Delay
# **************************************************************
set_output_delay - add_delay - clock [get_clocks {clk}] 1.500 [get_ports {follow}]
set_output_delay - add_delay - clock [get_clocks {clk}] 1.500 [get_ports {yn_out[0]}]
set_output_delay - add_delay - clock [get_clocks {clk}] 1.500 [get_ports {yn_out[1]}]
set_output_delay - add_delay - clock [get_clocks {clk}] 1.500 [get_ports {yn_out[2]}]
set_output_delay - add_delay - clock [get_clocks {clk}] 1.500 [get_ports {yn_out[3]}]
set_output_delay - add_delay - clock [get_clocks {clk}] 1.500 [get_ports {yn_out[4]}]
set_output_delay - add_delay - clock [get_clocks {clk}] 1.500 [get_ports {yn_out[5]}]
set_output_delay - add_delay - clock [get_clocks {clk}] 1.500 [get_ports {yn_out[6]}]
set_output_delay - add_delay - clock [get_clocks {clk}] 1.500 [get_ports {yn_out[7]}]
set_output_delay - add_delay - clock [get_clocks {clk}] 1.500 [get_ports {yvalid}]
```

（14）在 Quartus 工程中加入 sdc 文件：回到 Quartus 环境，选择 Project→add/Remove Files In Project 命令，出现 Settings 对话框，单击 File name 文本框后的省略号按钮，找到 inout_delay.sdc 文档，再单击 Add 按钮加入到清单中，设定好单击 OK 按钮，如图 6.55 所示。

（15）编译：选择 Processing→Start Compilation 命令进行编译，最后出现成功信息窗格，单击 OK 按钮关闭窗格。

（16）Timing in the Timing Analyzer 验证：在 TimeQuest Timing Analyzer 窗口观看结果。在 Quartus Ⅱ 环境中选择 Tools → TimeQuest Timing Analyzer 命令，打开 TimeQuest Timing Analyzer 对话框。

（17）创建 Timing Netlist：在 TimeQuest Timing Analyzer 对话框选择 → Create Timing Netlis 标签，出现 Create Timing Netlist 对话框，在 Input netlist 选项区域选择 Post-map 单选按钮，如图 6.56 所示，单击 OK 按钮。建立成功会在 Task 窗格中看到 Create Timing Netlist 变成了绿色。

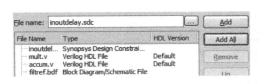

图 6.55 加入 inout_delay.sdc 文档

图 6.56 创建 Timing Netlist

（18）读入 SDC 文档：在 TimeQuest Timing Analyzer 窗口选择 Constrain→Read SDC File 命令，如图 6.57 所示。出现 Openc 对话框，选择 filfref.sdc 文档，再单击 Open 按钮。

选择 Constrain→Read SDC File 命令，出现 Open 对话框，选择 inout_delay. sdc 文档，单击 Open 按钮。在 Task 窗格中看到 Read SDC File 变成绿色。在 TimeQuest Timing Analyzer 窗口下方讯息窗格可以看到如图 6.58 所示的信息。

图 6.57　读入 SDC 文档

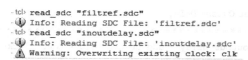

图 6.58　Console 信息

（19）更新 Timing Netlist：因为前一个步骤多加了一个限定，所以要更新 Timing Netlist。双击 Task 窗格中的 Update Timing Netlist 选项，会看到开始执行并且 Update Timing Netlist 变成了绿色。

（20）选取 Report：双击 Task 窗格中的 Report Unconstrained Paths 选项，会在右方窗格中出现如图 6.59 所示的结果。

图 6.59　Report Unconstrained Paths 结果

（21）产生 Report Timing Report：双击 Task 窗格中的 ReportTiming 选项，会出现 Report Timing 对话框，设定如图 6.60 所示，在 To clock 下拉列表框中填入 clk，在 To 文本框中选取 acc：inst3｜result[0]～acc：inst3｜result[11]，在 Analysis type 选项区域选中 Setup 单选按钮，在 Report number of paths 文本框中填入 10，设定好单击 Report Timing 按钮，出现 Report Timing 窗口显示时序图，如图 6.61 所示。这里注意一下，即使是相同版本的 Quartus，每次合成的波形的相对位置与时间的数值都会有些微的不同，但 Slack 的颜色一定会为绿色。

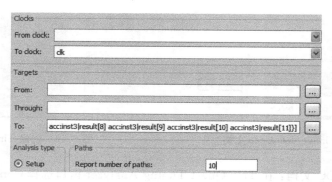

图 6.60　Report Timing 设定结果

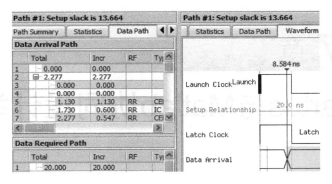

图 6.61 Report Timing 结果

（22）选择 Report Timing 窗口中的 Path Summary 选项卡。Slack 的值为 Data Required Time 减去 Data Arrival Time，从图 6.62 可以看到 Slack 值为 13.664，同前面一样，即使是相同版本的 Quartus，每次合成的结果也会有些微的不同，所以只需要确认执行后的 Slack 值是否为 Data Required Time 减去 Data Arrival Time 即可。

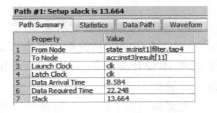

图 6.62 Path Summary 选项卡

习题

6-1 试述时序约束的主要作用。

6-2 解释什么是输入最大延时。

6-3 解释什么是输出最小延时。

6-4 如何计算数据的建立时间和保持时间？

第7章

Quartus与Matlab协同设计举例

7.1 正弦信号发生器设计

设计目的：正弦信号发生器广泛应用于通信与电子系统中，由于 Quartus 的 IP 核——LPM_ROM 存储的是波形的离散二进制初始值，如果手工输入这些离散二进制点非常麻烦与耗时，本设计介绍如何结合 Matlab 快速设计正弦信号发生器。对其他波形信号发生器的设计可触类旁通。

主要知识点：Matlab 生成 mif 文件；Quartus 的 IP 核：LPM_ROM、LPM_COUNTER 的使用。

使用工具：Matlab、Quartus、Modelsim 软件。

说明：根据读者安装软件的目录不一样，有些步骤应做相应改正。

7.1.1 设计方案

信号发生器的总体结构如图 7.1 所示。顶层文件在 FPGA 中实现，包含两个部分：ROM 的地址信号发生器，由 6 位计数器担任；一个波形数据 ROM，由 LPM_ROM 模块构成。地址发生器的时钟 CLK 的输入频率 f_0 与每周期的波形数据点数 N，以及最终输出的波形频率 f 的关系是：$f = f_0/64$。

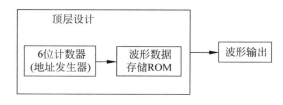

图 7.1 总体结构

7.1.2 设计步骤

打开 Quartus 软件，在 E 盘建一个文件夹 fpgarom。选择 Tools→Megawizard plug-in manager 命令，在出现的对话框中选择 Create a new custom 选项，单击 Next 按钮，产生如图 7.2 所示的对话框。

在图 7.2 左栏选择 Memory Compiler→ROM：1-PORT 选项，再选择器件和描述语言

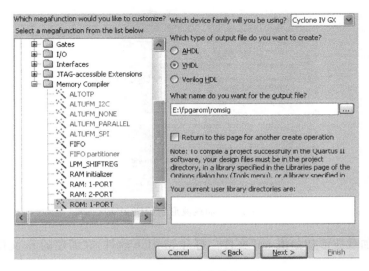

图 7.2 LPM 宏功能模块设定

方式,选择 ROM 文件存放的路径并输入文件名 romsig。单击 Next 按钮出现如图 7.3 所示对话框。

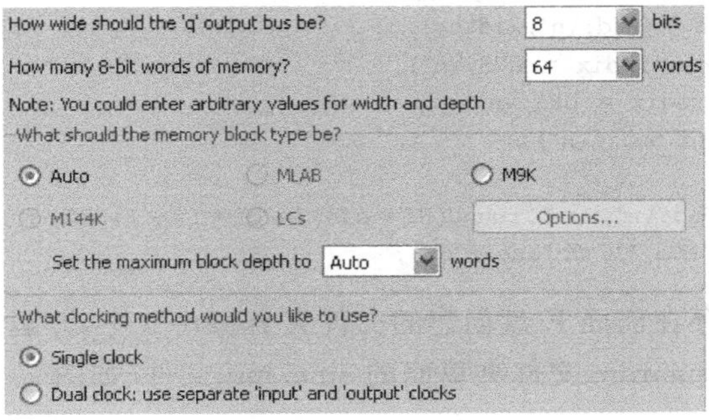

图 7.3 选择控制线、地址线和数据线

单击 Next 按钮,按图 7.4 所示默认设置。单击 Next 按钮,出现如图 7.5 所示对话框。

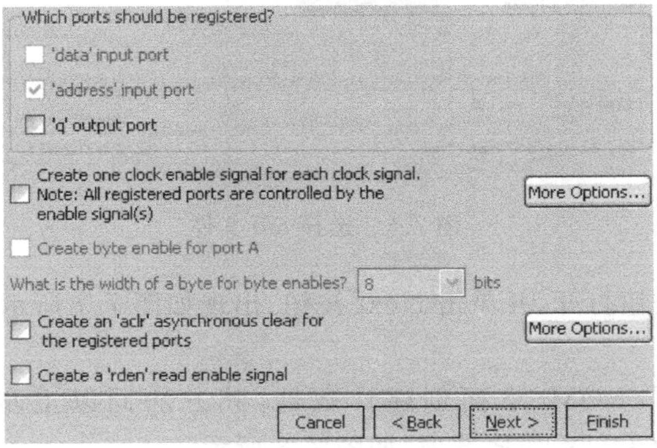

图 7.4 默认端口设置

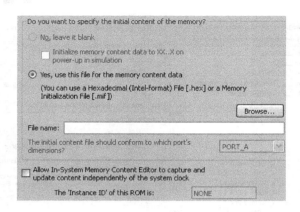

图 7.5 加载波形初始值文件

此时需要加载波形初始值 mif 文件。打开 Matlab 软件,在新建的 m 文件中输入代码:

```
depth = 64;
widths = 8;
 N = 0:63;
s = sin(2 * pi * N/64); %
fidc = fopen('sine.mif','wt')
fprintf(fidc , 'depth = % d;\n',depth);
fprintf(fidc, 'width = % d;\n',widths);
fprintf(fidc, 'address_radix = UNS;\n');
fprintf(fidc,'data_radix = UNS;\n');
fprintf(fidc,'content begin\n');
for(x = 1 : depth)
fprintf(fidc,'% d: % d;\n',x - 1,round(31 * sin(2 * pi * (x - 1)/32) + 32));
end; fprintf(fidc, 'end;'); fclose(fidc);
```

然后把 m 文件保存在前面 E 盘创建的文件夹 fpgarom 中,并运行。接着单击图 7.5 中的 Browse 按钮,找到 fpgarom 文件夹里面的 sine.mif 文件(如图 7.6 所示)。

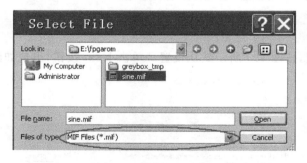

图 7.6 选择 mif 文件

最后单击 Open 按钮打开,并单击 Next 按钮,出现如图 7.7 所示对话框进行设置,并单击 Finish 按钮。

至此,已经生成了 ROM,下面创建计数器,其方法同以上步骤,只不过需要选择 arithmetic 下面 LPM_COUNTER 选项,如图 7.8 所示。

如图 7.9 所示设置计数位宽,选择 6 位,就是计数 64 次。

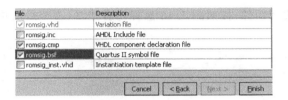

图 7.7　选择生成元件符号文件

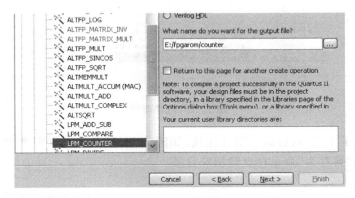

图 7.8　创建计数器

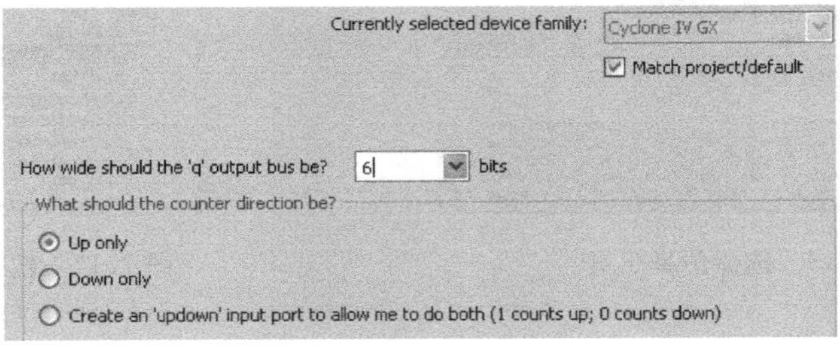

图 7.9　设置计数位宽

以下直接单击 Next 按钮到最后一步,注意最后一步按图 7.7 所示选中生成元件符号文件框。创建完以上两个元件符号以后,再新建工程,如图 7.10 所示。

设置工程存放路径和工程名,如图 7.11 所示。

图 7.10　新建工程

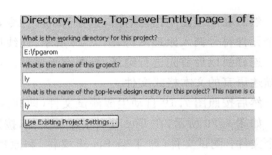

图 7.11　设置工程存放路径和工程名

如图 7.12 所示选择器件,按照图 7.13 选择仿真工具,直至最后单击 Finish 按钮。

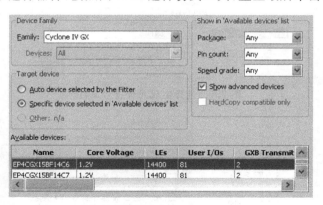

图 7.12　选择器件

这样就建立了工程,然后画总图并连线,如图 7.14 所示建立原理图文件,按照图 7.15 单击"文件"菜单"另存为"命令存盘到相应目录。

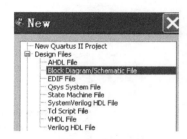

图 7.13　选择仿真工具　　　　　　　　图 7.14　建立原理图文件

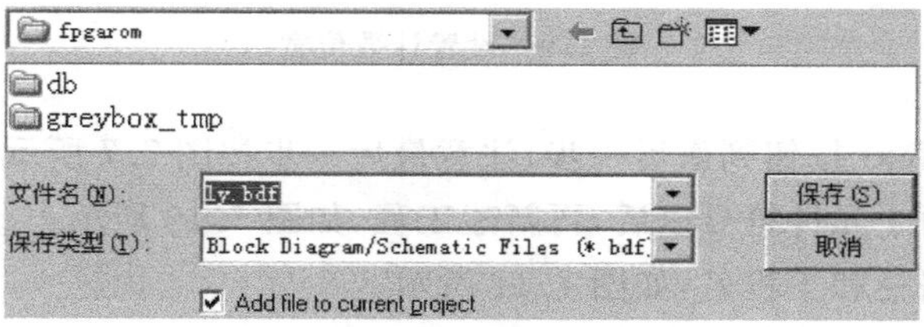

图 7.15　存盘到相应目录

然后在原理图空白区右击,选择 Insert 命令,接着把工程 Project 展开,并把前面创建的两个元件符号调入原理图,如图 7.16 所示,连线以后如图 7.17 所示。

连好线以后首先进行编译,检查有无错误。如果没有错误,按照图 7.18 将原理图转换成描述语言的文本格式文件。

然后按照图 7.19 自动生成测试文件(即 Test Bench 文件)。

如图 7.20 所示,在 File 处右击添加文件,按照图 7.21 选择文件目录,找到前面生成的两个文件:测试文件(即 Test Bench 文件)和原理图转换成文本格式的文件。

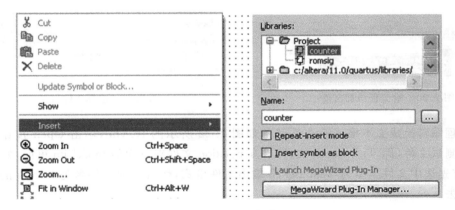

图 7.16 插入元件符号

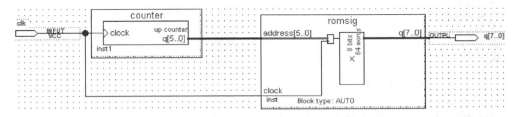

图 7.17 连线后的结构图

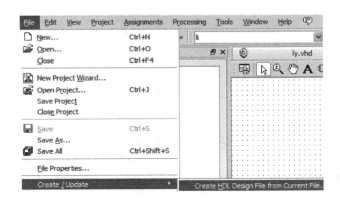

图 7.18 将原理图转换成文本格式文件

图 7.19 自动生成测试文件

图 7.20　给工程添加文件

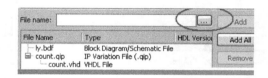

图 7.21　选择文件目录

原理图转换成文本格式的文件就是如图 7.22 所示的 ly.vhd,单击 Open 按钮就可加入。而测试文件(即 Test Bench 文件)在 simulation 文件夹下面的 modelsim 里面,如图 7.23 所示,首先选中文件类型为 Test Bench 输出文件格式,然后看到文件名为 ly.vht 的文件并添加进去。

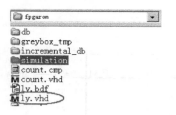

图 7.22　选中文件类型

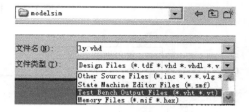

图 7.23　添加相应文件

文件添加进去以后,双击打开左边工程区的 ly.vht 测试文件,如图 7.24 所示。
对 ly.vht 测试文件进行修改,将如图 7.25 所示代码删除。

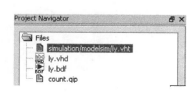

图 7.24　打开测试文件

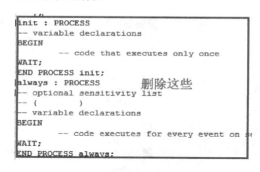

图 7.25　代码删除

用以下代码替换删除部分的代码并保存:

```
clk_gen : process      -- 时钟产生
        begin
            clk <= '0';
            wait for 10 ns;
            clk <= '1';
            wait for 10 ns;
    end process clk_gen;
```

然后把左边工程区的 ly.bdf 文件删除,如图 7.26 所示。
下面进行仿真设置:如图 7.27 所示,选择 Tools 菜单下面的 Options 命令,然后按照

图7.28，根据Modelsim安装的目录选择仿真工具路径。

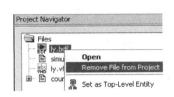

图7.26　删除ly.bdf文件

图7.27　仿真设置

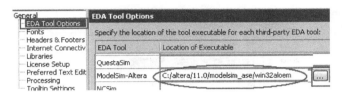

图7.28　选择仿真工具路径

下面进行链接测试文件(即Test Bench文件)：如图7.29所示，选择Settings命令，然后选择视窗左边的simulation标签，按照图7.30进行相应设置。

单击图7.30的Test Benches按钮后并单击New按钮来到图7.31，添加测试文件名并按照图7.32设置仿真时间。

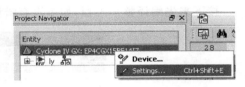

图7.29　链接测试文件

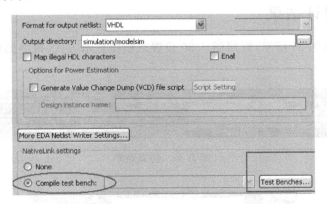

图7.30　链接设置

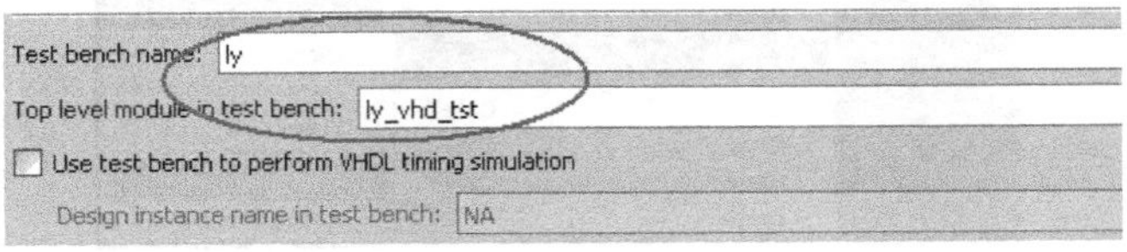

Test bench name: ly

Top level module in test bench: ly_vhd_tst

☐ Use test bench to perform VHDL timing simulation

Design instance name in test bench: NA

图7.31　添加测试文件名

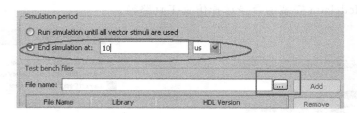

图 7.32　设置仿真时间

单击图 7.32 的方框中的省略号按钮,把测试文件添加进去,如图 7.33 所示,然后单击 OK 按钮退出。

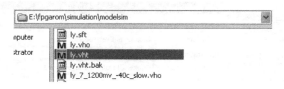

图 7.33　加入测试文件

接下来先编译整个工程,如果没有错误,则按照图 7.34 进行寄存器传输级仿真。

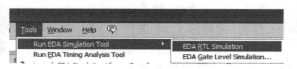

图 7.34　传输级仿真

7.1.3　设计结果

仿真结果如图 7.35 所示,按照图 7.36 设置成模拟显示方式,最终的模拟波形如图 7.37 所示。

图 7.35　仿真结果

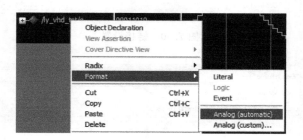

图 7.36　设置成模拟显示方式

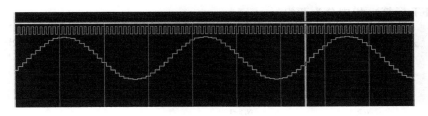

图 7.37 模拟波形

7.2 快速傅里叶变换设计

设计目的：FFT 是数字信号处理的有力工具，该设计介绍如何结合 Matlab 快速对复合信号进行频谱分析。

主要知识点：快速傅里叶变换原理；Matlab 生成离散信号；Quartus 的 IP 核：FFT 的使用；

使用工具：Matlab、Quartus、Modelsim 软件

7.2.1 快速傅里叶变换原理

快速傅里叶变换（Fast Fourier Transform），即利用计算机计算离散傅里叶变换（DFT）的高效、快速计算方法的统称，简称 FFT。快速傅里叶变换是 1965 年由 J. W. 库利和 T. W. 图基提出的。采用这种算法能使计算机计算离散傅里叶变换所需要的乘法次数大为减少，特别是被变换的抽样点数 N 越多，FFT 算法计算量的节省效果就越显著。

FFT 的基本思想是把原始的 N 点序列，依次分解成一系列的短序列。充分利用 DFT 计算式中指数因子所具有的对称性质和周期性质，进而求出这些短序列相应的 DFT 并进行适当组合，以达到删除重复计算、减少乘法运算和简化结构的目的。此后，在此思想基础上又开发了高基和分裂基等快速算法，随着数字技术的高速发展，1976 年出现建立在数论和多项式理论基础上的维诺格勒傅里叶变换算法（WFTA）和素因子傅里叶变换算法。它们的共同特点是：当 N 是素数时，可以将 DFT 运算转化为求循环卷积，从而更进一步减少乘法次数，提高速度。

计算离散傅里叶变换的快速方法，有按时间抽取的 FFT 算法和按频率抽取的 FFT 算法。前者是将时域信号序列按偶奇分排，后者是将频域信号序列按偶奇分排。它们都借助于的两个特点：一是周期性；二是对称性，这里符号 * 代表其共轭。这样，便可以把离散傅里叶变换的计算分成若干步进行，计算效率大为提高。

1. 按时间抽取的 FFT(N 点 DFT 运算的分解)

先从一个特殊情况开始，假定 N 是 2 的整数次方，$N = 2^M$，M 为正整数，首先将序列 $x(n)$ 分解为两组：一组为偶数项，一组为奇数项，

$$\begin{cases} x(2r) = x_1(r) \\ x(2r+1) = x_2(r) \end{cases} \quad r = 0, 1, \cdots, N/2 - 1 \tag{7-1}$$

将 DFT 运算也相应分为两组：

$$x(k) = \text{DFT}[x(n)] = \sum_{n=0}^{N-1} x(n) w_N^{nk} = \sum_{\substack{n=0 \\ \text{偶数}}}^{N-2} x(n) w_N^{nk} + \sum_{\substack{n=1 \\ \text{奇数}}}^{N-1} x(n) w_N^{nk}$$

$$= \sum_{r=0}^{N/2-1} x(2r) w_N^{2rk} + \sum_{r=0}^{N/2-1} x(2r+1) w_N^{(2r+1)k}$$

$$= \sum_{r=0}^{N/2-1} x(2r) w_N^{2rk} + w_N^k \sum_{r=0}^{N/2-1} x(2r+1) w_N^{2rk} \tag{7-2}$$

以此类推，还可以继续分下去，这种按时间抽取算法是在输入序列分成越来越小的子序列上执行 DFT 运算，最后再合成为 N 点的 DFT。下面以 $N = 2^3 = 8$ 的例子说明其流图结构如图 7.38 所示。

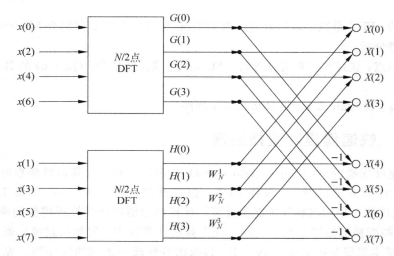

图 7.38　N＝8 的时间抽取流图

2. 按频率抽取的 FFT

对于频率抽取法，输入序列不是按偶奇数，而是按前后对半分开，这样便将 N 点 DFT 写成前后两部分：

$$X(k) = \sum_{n=0}^{N/2-1} x(n) W_N^{nk} + \sum_{n=N/2}^{N-1} x(n) W_N^{nk} = \sum_{n=0}^{N/2-1} x(n) W_N^{nk} + \sum_{n=0}^{N/2-1} x\left(n + \frac{N}{2}\right) W_N^{(n+\frac{N}{2})k}$$

$$= \sum_{n=0}^{N/2-1} \left[x(n) + W_N^{(N/2)k} x(n + 2N/2)\right] W_N^{nk}$$

$$= \sum_{n=0}^{N/2-1} \left[x(n) + (-1)^k x(n + N/2)\right] W_N^{nk} \tag{7-3}$$

把 $X(k)$ 进一步分解为偶数组和奇数组：

$$X(2r) = \sum_{n=0}^{N/2-1} \left[x(n) + x(n + N/2)\right] W_N^{2nr}$$

$$= \sum_{n=0}^{N/2-1} \left[x(n) + x(n + N/2)\right] W_{N/2}^{2nr} \tag{7-4}$$

$$X(2r+1) = \sum_{n=0}^{N/2-1} [x(n) - x(n+N/2)] W_N^{n(2r+1)}$$

$$= \sum_{n=0}^{N/2-1} [x(n) - x(n+N/2)] W_N^n W_{N/2}^{nr} \qquad (7\text{-}5)$$

下面以 $N=2^3=8$ 的例子说明其流图结构，如图 7.39 所示。

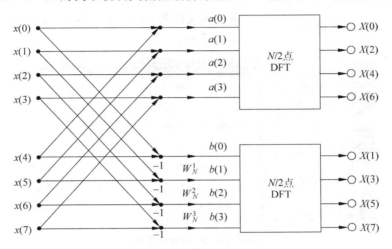

图 7.39　$N=8$ 的频率抽取流图

7.2.2　设计思路

直接利用 Quartus 的 FFT 核对信号进行频谱分析，其待分析的信号采用 Matlab 进行离散采样，最后在 Matlab 中画出频谱图，检验设计结果。

7.2.3　设计步骤

打开 Quartus 软件，在 E 盘建一个文件夹 FFT2，再新建工程，如图 7.40 所示。

设置工程存放路径在 E:\FFT2，输入工程名 ly，然后一直单击 Next 按钮，按照图 7.41 选择仿真工具，最后单击 Finish 按钮。

图 7.40　新建工程

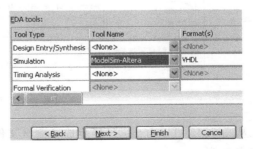

图 7.41　选择仿真工具

选择 Tools→Megawizard plug-in manager 命令,在出现的对话框中选择 Create a new custom 选项,单击 Next 按钮,产生如图 7.42 所示对话框。

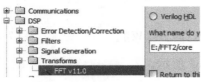

图 7.42　创建 IP 核

在图 7.42 左栏选择 DSP 项下的 FFTv11.0,再选择器件和描述语言方式,以及 IP 核文件存放的路径,并输入文件名 core。单击 Next 按钮出现如图 7.43 所示对话框。

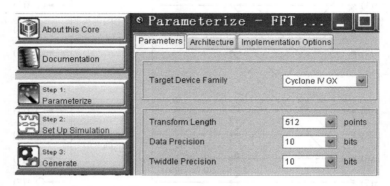

图 7.43　IP 核设置界面

单击左边按钮 Step 1,对参数进行设置,选择转换的点数为 512 点,数据精度和蝶形运算精度均为 10bit。在 Architecture 选项卡中选择数据流形式为 Streaming,如图 7.44 所示。接着单击 Finish 按钮,然后单击左边按钮 Step 3,生成 IP 核文件如图 7.45 所示。

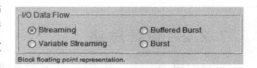

图 7.44　选择数据流形式

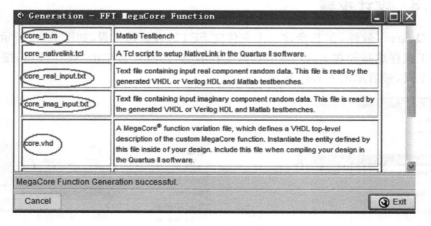

图 7.45　IP 核文件

从图 7.45 可以看出:已经生成了测试文件、待转换数据的实部、虚部,以及硬件描述语言文本文件。

按照如图 7.46 建立原理图文件,并取名为 ly,将其保存到相应目录。

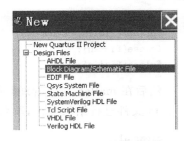

在原理图空白区右击选择 Insert 命令,接着把工程 Project 选项展开,并把前面创建的 IP 核元件符号调入原理图,并加入输入/输出端口,如图 7.47 所示进行最后端口设置。然后进行编译,检查有无错误。

打开 Matlab 软件,先切换到前面 Quartus 建立的工程所对应的目录,如图 7.48 所示。

图 7.46 建立原理图文件

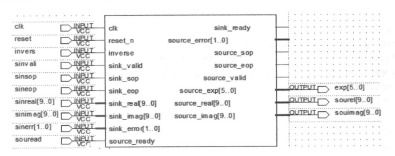

图 7.47 端口设置

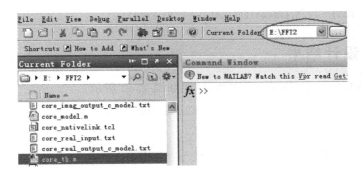

图 7.48 切换目录

再建立 m 文件,输入以下代码对待分析的复合信号进行离散采样,然后存盘到刚才的目录,取名为 xieshu。

```
close all;
clear all;
clc
N = 2^16;
n = 0:2^16 - 1;
fin = 29e6;
fin2 = 46e6;
fs = 100e6;
x = round(480 * cos(2 * pi * fin * n/fs) + 300 * cos(2 * pi * fin2 * n/fs));
y = zeros(1,N); %
fidrin = fopen('core_real_input.txt','w');
fidiin = fopen('core_imag_input.txt','w');
```

```
fprintf(fidrin,'%d\n',x);
fprintf(fidiin,'%d\n',y);
fclose(fidrin);
fclose(fidiin);
```

然后在 matlab 左边管理区打开文件 core_tb. m(图 7.50),再运行 matlab,最后再建立一个 m 文件进行结果分析,取名为:jieguoxianshi,在其 m 文件输入以下代码:

```
clear all;
close all;
clc;
N = 512;
fs = 100e6;
fidr = fopen('core_real_output_c_model.txt','r');
fidi = fopen('core_imag_output_c_model.txt','r');
fide = fopen('core_exponent_out_c_model.txt','r');
xreal = fscanf(fidr,'%d',N);
ximag = fscanf(fidi,'%d',N);
expou = fscanf(fide,'%d',N);
fclose(fidi);
fclose(fidr);
expv = 2.0.^( - expou);
y = (xreal. * expv)' + i * (ximag. * expv)';
figure,
plot(( - 256:255) * fs/N,(fftshift(abs(y) * 2/N) + eps));
```

7.2.4 设计结果

运行前面编写的 jieguoxianshi 文件,结果如图 7.49 所示。

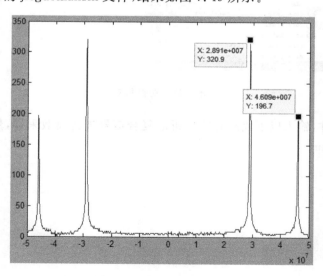

图 7.49 matlab 仿真结果

从图 7.49 中可以看出:两个信号频率成分分别约为 2.9MHz 和 4.6MHz。

然后按照图 7.50 进行寄存器传输级仿真,图 7.51 是仿真结果。

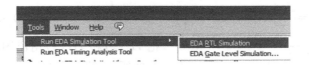

图 7.50　传输级仿真

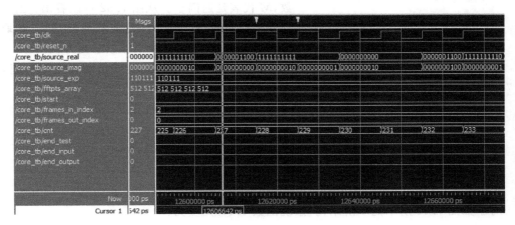

图 7.51　传输级仿真结果

7.3　CIC 抽取滤波器设计

设计目的：CIC(积分梳状)滤波器是一种被广泛应用于软件无线电中的滤波器，通过理论与实践的结合，深层次理解抽取滤波器对信号处理的影响。

主要知识点：抽取滤波器原理；信号源的生成；Verilog 模块例化。

使用工具：Matlab、Quartus、Modelsim 软件。

7.3.1　CIC 抽取滤波器设计原理

所谓 CIC 抽取滤波器，就是积分梳状(CIC)滤波器级联一个抽取器，而积分梳状(CIC)滤波器是一种被广泛应用于软件无线电中，可以实现抽取或者插值的高效滤波器。它主要用于降低或提高采样率。CIC 滤波器的主要特点是：仅利用加法器、减法器和寄存器，占用资源少，实现简单且速度高。

由于 CIC 滤波器是由两部分组成：累积器和梳状滤波器的级联，这就是为什么称之为积分梳状滤波器的原因。

从数学的角度来看，所谓积分梳状滤波器，是指该滤波器的冲激响应具有如下形式：

$$h(n) = \begin{cases} 1, & 0 \leqslant n \leqslant N-1 \\ 0, & \text{其他} \end{cases} \tag{7-6}$$

式(7-6)中 N 为梳状滤波器的系数长度(对于抽取滤波器，这里的 N 也就是抽取因子)。根据 Z 变换的定义，式(7-6)滤波器的 Z 变换为：

$$H(z) = \sum_{n=0}^{N-1} h(n) \cdot z^{-n} = \frac{1}{1-z^{-1}} \cdot (1-z^{-N}) = H_1(z) \cdot H_2(z) \tag{7-7}$$

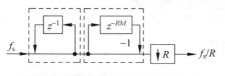

图 7.52　积分梳状滤波器流图

把 $H_1(z)$ 和 $H_2(z)$ 用流图表示出来如图 7.52 中虚线框所示，第一个虚线框代表 $H_1(z)$，第二个虚线框代表 $H_2(z)$，指数 RM 等于 N，R 代表抽取倍数，M 代表延迟因子。从图 7.52 可以看出：当输入信号采样频率为 f_s 时，经过梳状滤波，并且抽取 R 倍以后，输出信号的实际采样频率变为 f_s/R。

图 7.52 实际上就是一阶积分梳状滤波结构，如果是多阶结构，只需将其级联即可，如图 7.53 所示。

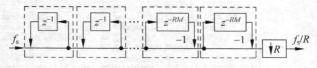

图 7.53　多阶积分梳状滤波结构

对于如图 7.53 所示的多阶结构，系统函数 $H(z)$ 则变为：

$$H(z) = \frac{(1-z^{-RM})^N}{(1-z^{-1})^N} = \left[\sum_{k=0}^{RM-1} z^{-k} \right]^N \tag{7-8}$$

从式(7-8)可以看到，N 阶 CIC 滤波器在功能上相当于 N 级完全相同的 FIR 滤波器的级联。如果按传统的 FIR 滤波器方式实现，那么 N 级 FIR 滤波器的每一级都需要 RM 个存储单元和一个累加器，但如果用 CIC 方式实现，那么 N 级 CIC 滤波器的每一级只需要 M 个存储单元。

为了进一步节省硬件资源，由 Hogenauer 引入了一种非常有效的高分解速率的数字抽取滤波器结构，如图 7.54 所示。

图 7.54　Hogenauer 型抽取滤波器

该结构实质上就是将抽取器放在积分器和梳状滤波器之间，它具有较好的抗混叠和抗镜像性能；它不包含乘法器，只是由加法器、减法器和寄存器组成，而且需要的加法器的数目也减少了许多，因此 Hogenauer 型 CIC 抽取滤波器更节省资源，并且实现简单而高速；无须存储滤波器的系数，结构规则易于拓展，无须外部控制，抽取倍数可变，对提高实时性和简化硬件有重要意义。

7.3.2　12 倍抽取滤波器设计与仿真

1. 基于 Matlab 的数据源的产生

为了在仿真中看到信号抽取前后具体的波形变化，先采用 Matlab 生成正弦波形数据，其源代码如下：

```
% % 产生离散信号(正弦/余弦)
clc;
clear all;
```

```
f0 = 0.1e6; % 产生的频率,0.1MHz
f1 = 8e6;
Fs = 25/24 * 10^6; % 采样频率,25/24MHz
Ts = 1/Fs; % 采样间隔
M = 65535; % 保存的原始数据长度
t = Ts : Ts : M * Ts; % 采样的时间长度
sin_wave = sin(2 * pi * f0 * t); % + sin(2 * pi * f1 * t); % 正弦波
% cos_wave = cos(2 * pi * f0 * t);
% 量化位宽
width = 8; % 数据宽度 8 位
% 量化滤波器系数
sin_data = round((sin_wave/max(sin_wave)) .* (2^(width-1) - 1)); % 量化正弦波形数据
% cos_data = round(cos_wave .* (2^(width-1) - 1));
% 用补码表示(存在负数)
data_com_sin = zeros(length(sin_data),1);
for i = 1:length(sin_data)
    if sin_data(i) >= 0
        data_com_sin(i) = sin_data(i);
    else
        data_com_sin(i) = 2^width + sin_data(i);
    end
end
% hex_sin_data = dec2hex(data_com_sin,width/4) % 10 % 把量化后的数据写入文件
signal_sources = fopen('signal_sources.dat','w + ');
for n = 1:M
    fprintf(signal_sources,'% s\n',dec2hex(data_com_sin(n),width/4));
end
fclose(signal_sources);
```

2. 积分梳状抽取滤波器的 Verilog 实现

CIC 抽取滤波器是先进行积分,然后进行抽取,最后进行梳状滤波。

1) 积分器模块

顶层文件调用积分器例化模块的代码如下:

```
// 积分器例化
cic_integrator_block u0_cic_integrator_block(
  .i_fpga_clk      ( i_fpga_clk ),          //25MHz
  .i_rst_n         ( i_rst_n ),
  .i_integral_data ( r_cic_data ),
  .o_integral_data ( w0_integral_data )
);
```

而对输入信号进行积分的例化模块 cic_integrator_block 的 Verilog 代码如下:

```
module cic_integrator(
  input                    i_fpga_clk,   //25MHz
  input                    i_rst_n,
  input    signed  [26:0]  i_data,

  output signed   [26:0]   o_data
```

```
    );

// ================================================================
//0.  对输入数据和指示信号进行缓存1拍
// ================================================================
reg signed [26:0] data_reg /* synthesis syn_preserve = 1 */;
always@( posedge i_fpga_clk or negedge i_rst_n )
    if( !i_rst_n )
        data_reg <= 27'd0                    ;
    else
        data_reg <= i_data ;                 //integral_data ;


// ================================================================
// 1.  根据积分器的原理对数据进行累加
// ================================================================
//-- 1 - 信号累加
    reg signed [26:0] data_delay             ;
    wire signed [26:0] data_integrator ;
assign data_integrator = data_reg + data_delay ;
                                             //延时一个时钟周期
always@( posedge i_fpga_clk or negedge i_rst_n )
    if( !i_rst_n )
        data_delay <= 27'd0                  ;
    else
        data_delay <= data_integrator ;
// ================================================================
// 2.  输出
// ================================================================
        reg signed [26:0] r_data ;
always@( posedge i_fpga_clk or negedge i_rst_n )
    if( !i_rst_n )
                r_data <= 27'b0 ;
    else
                r_data <= data_integrator ;


// ================================================================
// 3.  output
// ================================================================
  assign o_data    = r_data    ;
  // ================================================================
endmodule
```

对顶层调用的积分器例化模块进行仿真,其结果如图7.55所示。

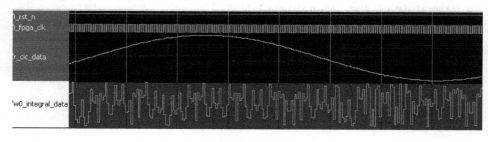

图 7.55 积分器例化模块仿真结果

在图 7.55 中,i_rst_n 是复位信号,i_fpga_clk 是时钟信号(频率为 25MHz),r_cic_data 是输入的数据,w0_integral_data 是积分以后输出的信号。

2) 抽取器例化模块

顶层文件调用抽取器例化模块的代码如下:

```
//12 倍抽取
    cic_dec12_block u1_cic_dec12_block(
    .i_fpga_clk    ( i_fpga_clk       ),
    .i_rst_n       ( i_rst_n       ),
    .i_data        ( w0_integral_data   ),
    .o_fp          ( w1_dec12_fp     ),
    .o_data        ( w1_dec12_data    )
    );
```

而对积分后的信号进行抽取的例化模块 cic_dec12_block 的 Verilog 代码如下:

```
module cic_dec12_block(
  input                    i_fpga_clk ,
  input                    i_rst_n ,
  input      [26:0]        i_data ,
  output     [26:0]        o_data ,
  output                   o_fp
  );
// 1.   12 倍抽取计数器
reg[4:0] cnt_12 ;
always@( posedge i_fpga_clk or negedge i_rst_n )
  if( !i_rst_n )
        cnt_12 <= 5'd0 ;
  else if(cnt_12 == 5'd11)
        cnt_12 <= 5'd0 ;
  else
        cnt_12 <= cnt_12 + 1'b1 ;
==========
// 2.   数据抽取
// ===============================================================
    reg      [26:0]        r_data;
    reg                    r_fp;
always@( posedge i_fpga_clk or negedge i_rst_n )
  if( !i_rst_n )
        r_data <= 27'd0 ;
  else if(cnt_12 == 5'd11) //等于 11 时,抽取数据
        r_data <= i_data ;
  else
        r_data <= r_data ;
    // ========= 数据指示信号
always@( posedge i_fpga_clk or negedge i_rst_n )
  if( !i_rst_n )
        r_fp <= 1'b0 ;
  else if(cnt_12 == 5'd10) //指示信号提前数据 1 拍
        r_fp <= 1'b1 ;
```

```
        else
            r_fp <= 1'b0 ;

// ================================================================
// 3.  output
// ================================================================
    assign o_fp   = r_fp  ;
    assign o_data = r_data ;

// ================================================================
endmodule
```

对顶层调用的抽取例化模块进行仿真,其结果如图 7.56 所示。

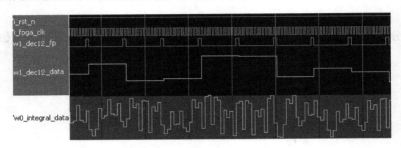

图 7.56   抽取例化模块仿真结果

在图 7.56 中,i_rst_n 是复位信号,i_fpga_clk 是时钟信号(频率为 25MHz),w0_integral_data 是积分后输入的数据,w1_dec12_fp 是抽样指示信号,w1_dec12_data 是抽样后输出信号。可以看出:抽样输出信号的数据台阶每变化一级就包含 1 个指示信号(也包含 12 个时钟信号),这就反映出抽取了 12 倍。

3) 梳状滤波例化模块

顶层文件调用梳状滤波例化模块的代码如下:

```
// 梳状滤波器
cic_comb_block u2_cic_comb_block(
    .i_fpga_clk( i_fpga_clk  ),              //25MHz
    .i_rst_n   ( i_rst_n     ),
    .i_data    ( w1_dec12_data ),
    .i_data_fp ( w1_dec12_fp ),

    .o_data    ( w4_cic_data ),
    .o_data_fp ( w4_cic_fp   ) )
```

而对抽取后的信号进行梳状滤波的例化模块 cic_comb_block 的 Verilog 代码如下:

```
module cic_comb_1step(
//sys_signal
    input              i_fpga_clk ,              //25MHz
    input              i_rst_n    ,
//input
    input    [26:0]    i_data     ,
```

```verilog
    input                 i_data_fp      ,
//output
    output    [26:0]      o_data        ,
    output               o_data_fp
    );
```
// ==
// 0. 对输入数据和指示信号进行缓存 1 拍
// ==
```verilog
    //--1-对输入数据缓存 1 拍
    reg    [26:0]         data_reg      ;
always@( posedge i_fpga_clk or negedge i_rst_n )
    if( !i_rst_n )
         data_reg <= 27'd0     ;
    else
         data_reg <= i_data     ;
             //--2-对输入指示信号缓存 1 拍
    reg data_fp_reg      ;
always@( posedge i_fpga_clk or negedge i_rst_n )
    if( !i_rst_n )
         data_fp_reg <= 1'b0     ;
    else
       data_fp_reg <= i_data_fp     ;
```
// ==
// 1. M = 1,对数据延时 12 个时钟周期,M = 2 时要对数据延时 24 个时钟周期,这里 M = 1
// ==
```verilog
    reg   [26:0] data_delay;                  //延时 12 个时钟后的数据
    reg   [4:0] delay_cnt;                    //延时计时器
always@( posedge i_fpga_clk or negedge i_rst_n )
    if( !i_rst_n )
             delay_cnt <= 5'b0;
    else if(data_fp_reg)
             delay_cnt <= 5'b0 ;
    else
             delay_cnt <= delay_cnt + 1'b1;

always@( posedge i_fpga_clk or negedge i_rst_n )
    if( !i_rst_n )
             data_delay <= 27'b0 ;
    else if(delay_cnt ==5'd11)                //延时 12 个时钟周期
             data_delay <= data_reg ;
    else
             data_delay <= data_delay ;
```
// ==
// 2. 减法器
// ==
```verilog
    wire    [26:0]     sub_data0     ;
    wire    [26:0]     sub_data1     ;
    wire    [26:0]     sub_result     ;
```

```
assign sub_data0 = data_reg ;
assign sub_data1 = data_delay;
cic_filter_27sub u0_cic_filter_27sub(//上一个周期的数据与现在输入的相减
//sys_signal
    .i_fpga_clk        ( i_fpga_clk ),
    .i_rst_n           ( i_rst_n ),
//input
    .i_data0           ( sub_data0 ),
    .i_data1           ( sub_data1 ),
//outpuit
    .o_data            ( sub_result )
    );
    reg    [26:0]      r_data;
    reg                r_data_fp;
//-- 1 - 输出数据
always@( posedge i_fpga_clk or negedge i_rst_n )
    if( !i_rst_n )
        r_data <= 27'd0      ;
    else
        r_data <= sub_result     ;
        //-- 1 - 输出指示信号
    reg data_fp   ;
always@( posedge i_fpga_clk or negedge i_rst_n )
    if( !i_rst_n )
        data_fp <= 1'b0      ;
    else if( delay_cnt == 5'd11 )
        data_fp <= 1'b1      ;
    else
        data_fp <= 1'b0      ;
always@( posedge i_fpga_clk )
    if( !i_rst_n )
        r_data_fp <= 1'b0      ;
    else
        r_data_fp <= data_fp      ;


// ==================================================================
// 3.  output
// ==================================================================
    assign o_data_fp = r_data_fp    ;
    assign o_data = r_data    ;
    // ==================================================================
Endmodule
```

对顶层调用的积分器例化模块进行仿真,其结果如图 7.57 所示。

在图 7.57 中,i_rst_n 是复位信号,i_fpga_clk 是时钟信号(频率为 25MHz),w1_dec12_fp 是抽样指示信号,w1_dec12_data 是抽样后输出信号,w4_cic_fp 是梳状滤波指示信号,w4_cic_data 是梳状滤波输出信号。可以看出,经过梳状滤波以后输出的信号明显比前级抽样输出信号平滑,且具有正弦波形形状。

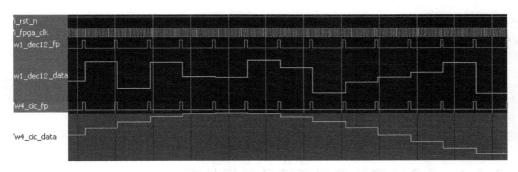

图 7.57 积分器例化模块仿真结果

7.3.3 仿真结果分析

最后在顶层结构中对输出数据经过有效位截取,得到最终的输出波形和原始输入波形对照图,如图 7.58 所示。

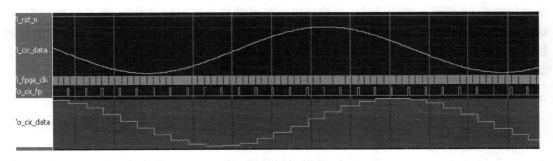

图 7.58 输出波形和原始输入波形比较

在图 7.58 中,i_rst_n 是复位信号,i_fpga_clk 是时钟信号(频率为 25MHz),i_cic_data 是原始输入信号,w1_dec12_data 是抽样后输出信号,o_cic_fp 是抽样指示信号,o_cic_data 是最终输出信号。

对时钟信号进行局部放大,如图 7.59 所示。可以看出,输出信号的数据台阶每变化一级就包含 1 个指示信号(也包含 12 个时钟信号),这就表明抽取了 12 倍。

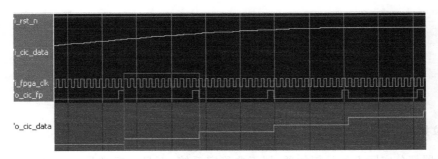

图 7.59 时钟信号局部放大效果

7.4 CIC 插值滤波器设计

设计目的：CIC(积分梳状)滤波器是一种被广泛应用于软件无线电中的滤波器,通过理论与实践的结合,深层次理解插值滤波器对信号处理的影响。

主要知识点：插值滤波器原理；信号源的生成；Verilog 模块例化。

使用工具：Matlab、Quartus、Modelsim 软件。

7.4.1 CIC 插值滤波器原理及数据处理

1. 插值滤波器原理

由于插值滤波器设计原理与 7.3 节的抽取滤波器原理基本相似,下面就只是讲解其不同点,以及对相关知识的补充：对数据的位扩展和截位处理。

CIC 插值滤波器与抽取不同,它是先进行梳状滤波,然后进行插值,最后进行积分。其结构如图 7.60 所示。梳状滤波以后输出信号的平滑度会比原始信号好,但是幅度会变小,这是梳状滤波的结果；插值的原理就是：在原来两点之间插入 $R-1$ 个 0,其目的就是增加抽样率,提高信号平滑度。积分器输出信号的平滑度进一步变好,尤其是幅度变大,弥补了前面梳状滤波之后幅度衰减的问题,这是积分的结果。

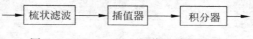

图 7.60　Hogenauer 插值滤波器结构

图 7.61 是 Hogenauer 型多阶插值滤波器结构,可以有效节省硬件资源,是一种非常有效的高分解速率的数字滤波器。而且它是由多级单阶梳状、积分器级联而成。

该结构实质上就是将插值器放在积分器和梳状滤波器之间,它具有较好的抗混叠和抗镜像性能；它不包含乘法器,只是由加法器、减法器和寄存器组成,而且需要的加法器的数目也减少了许多,因此 Hogenauer 型 CIC 抽取滤波器更节省资源,并且实现简单而高速；无须存储滤波器的系数,结构规则易于拓展,无须外部控制,抽取倍数可变,对提高实时性和简化硬件有重要意义。

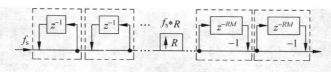

图 7.61　多阶插值滤波器

2. 位扩展

积分器部分实际上就是累加器,属于非稳定系统,而且一般都是多阶级联,势必会产生溢出,既然产生溢出是不可避免的,那么就应该使 CIC 设计时满足一定条件,不会由于积分器的溢出而影响 CIC 的性能。

　　具体解决办法就是：为了保留足够的精度和防止溢出产生，对输入数据进行位扩展，即利用桶型移位器向左移位。实际上这里的位扩展就是符号位扩展，符号扩展：当用更多的内存存储某一个有符号数时，由于符号位位于该数的第一位，扩展之后，符号位仍然需要位于第一位，所以，当扩展一个负数的时候需要将扩展的高位全赋为1；对于正数而言，符号扩展和零扩展是一样的，因为符号位就是0。比如一个用一个8位二进制表示-1，则是10 000 001；如果把这个数用16位二进制表示时，则为11 111 111 10 000 001 高位全都是1，这个叫作符号扩展，主要用于对其操作数。

3. 输出位截取

　　在 FPGA 中，随着信号处理的层次加深，对信号进行乘、累加、滤波等运算后，可能输入时仅为8位位宽的信号会扩展成几十位位宽，位宽越宽，占用的硬件资源就越多，但位宽超过一定范围后，位宽的增宽并不会对处理精度带来显著的改善，这时就需要对信号进行截取。

　　另外，截取是按最大抽取（插值）因子处理的，当抽取（插值）因子较小时，其输出满位宽也较小。

7.4.2　12 倍插值滤波器设计与仿真

1. 产生输入数据源的 Verilog 源码

```
module signal_gen(
  input                    i_fpga_clk,
  input                    i_rst_n,
  output signed[7:0]   o_data,
  output                   o_fp                 //数据指示信号
);

// ==================================================================
// 0. PRAMETER DEFINE
// ==================================================================
  reg signed[7:0]            r_mem[65535:0];
initial $ readmemh("signal_sources.dat",r_mem);//读出十六进制数据
  reg                 [4:0]r_data_cnt ;
always@(negedge i_fpga_clk or negedge i_rst_n)
  if(!i_rst_n)
    begin
        r_data_cnt  <= 5'd0;
    end
  else if(r_data_cnt == 5'd11)
    begin
        r_data_cnt  <= 5'd0;
    end
  else
    begin
        r_data_cnt  <= r_data_cnt + 1'b1;
    end
```

```
        reg signed [ 7:0]      r_data ;
        reg           [15:0]      r_addr_cnt ;
    always@(negedge i_fpga_clk or negedge i_rst_n)
        if(!i_rst_n)
            begin
                r_data                <= 8'd0;
                r_addr_cnt            <= 16'd0;
            end
        else if(r_data_cnt == 5'd11)
            begin
              r_data <= r_mem[r_addr_cnt];
                r_addr_cnt        <= r_addr_cnt + 1'b1;
            end
        else
            begin
              r_data <= r_data;
                r_addr_cnt <= r_addr_cnt;
            end

        reg    r_fp ;
    always@(negedge i_fpga_clk or negedge i_rst_n)
        if(!i_rst_n)
            begin
                r_fp <= 1'd0;
            end
        else if(r_data_cnt == 5'd10)
            begin
              r_fp <= 1'b1;
            end
        else
            begin
              r_fp <= 1'b0;
            end


// =====================================================================
// 4. output
// =====================================================================
        assign o_data = r_data;
        assign o_fp = r_fp ;


// =====================================================================
Endmodule
```

2. 积分梳状插值滤波器的 Verilog 实现

CIC 插值滤波器是先进行梳状滤波,然后进行插值,最后进行积分。

1) 梳状滤波模块

顶层文件调用梳状滤波例化模块的代码如下:

```
// 梳状滤波器
cic_comb_block u0_cic_comb_block(
    .i_fpga_clk    ( i_fpga_clk ),              //25MHz
    .i_rst_n       ( i_rst_n ),
```

```
    .i_data           ( r_cic_data ),
    .i_data_fp        ( r_cic_fp ),
    .o_data           ( cic_der_data ),
    .o_data_fp        ( cic_der_fp )
    );
```

模块 cic_comb_block 源代码同于抽取滤波器(参见 7.3 节),此处不再赘述。仿真结果如图 7.62 所示。

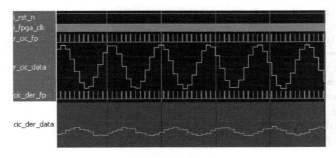

图 7.62 梳状滤波仿真结果

在图 7.62 中,i_rst_n 是复位信号,i_fpga_clk 是时钟信号(频率为 25MHz),r_cic_data 是输入的数据,cic_der_fp 是梳状滤波指示信号。cic_der_data 是梳状滤波以后输出信号。可以看出,梳状滤波以后输出信号的平滑度比原始信号好,但是幅度变小,这是梳状滤波的结果。

2)插值器例化模块

顶层文件调用插值例化模块的代码如下:

```
//12 倍内插
    cic_interp12_block u0_cic_interp12_block(
    .i_fpga_clk                ( i_fpga_clk ),      //25MHz
    .i_rst_n                   ( i_rst_n ),
    .i_data                    ( cic_der_data ),
    .i_data_fp                 ( cic_der_fp ),
    .o_fp                      ( interp_fp ),
    .o_interp12_data           ( interp12_data )
    );
```

对梳状滤波后的信号进行插值的例化模块 cic_interp12_block 的 Verilog 代码如下:

```
module cic_interp12_block(
    input                   i_fpga_clk,         //25MHz
    input                   i_rst_n,
    input   signed [26:0]   i_data,
    input                   i_data_fp,
    output                  o_fp ,
    output  signed [26:0]   o_interp12_data
    );
// ================================================================
// 2.  对输入数据和指示信号进行缓存锁存
// ================================================================
    //缓存 1 拍
    reg signed[26:0]data_reg ;
```

```verilog
    always@( posedge i_fpga_clk or negedge i_rst_n )        //缓存1拍
        if( !i_rst_n )
            data_reg <= 27'd0;
        else
            data_reg <= i_data;
                //缓存1拍
    reg     data_fp_reg;
    always@( posedge i_fpga_clk or negedge i_rst_n )//缓存1拍
        if( !i_rst_n )
            data_fp_reg <= 1'b0;
        else
            data_fp_reg <= i_data_fp;
        //// ============================== 12倍插值计数器
//reg[4:0] cnt_12 ;
//always@( posedge i_fpga_clk or negedge i_rst_n )
//      if( !i_rst_n )
//          cnt_12 <= 5'd0 ;
//      else if(data_fp_reg)
//          cnt_12 <= 5'd0 ;
//      else
//          cnt_12 <= cnt_12 + 1'b1 ;
// =============================================== 插值
    reg signed[26:0] interp12_data ;
    always@( posedge i_fpga_clk or negedge i_rst_n )
        if( !i_rst_n )
                interp12_data <= 27'd0 ;
        else if(data_fp_reg)                        //原始数据
                interp12_data <= data_reg ;
        else                                        //插入11个0
                interp12_data <= 27'b0;
// =============================================== 输出
    reg             r_fp;
    reg signed[26:0]       r_interp12_data ;
    always@( posedge i_fpga_clk or negedge i_rst_n )
        if( !i_rst_n )
                r_interp12_data <= 36'b0 ;
        else
                r_interp12_data <= interp12_data ;
    always@( posedge i_fpga_clk or negedge i_rst_n )
        if( !i_rst_n )
                r_fp <= 1'b0 ;
        else
                r_fp <= data_fp_reg ;
// =========================================================================
// 5.output
// =========================================================================
    assign o_interp12_data = r_interp12_data;
    assign o_fp = r_fp;
    // =========================================================================
Endmodule
```

对顶层调用的插值例化模块进行仿真,其结果如图 7.63 所示。

在图 7.63 中,i_rst_n 是复位信号,i_fpga_clk 是时钟信号(频率为 25MHz),cic_der_data 是梳状滤波后输入的数据,interp_fp 是插值指示信号,interp12_data 是插值后输出信

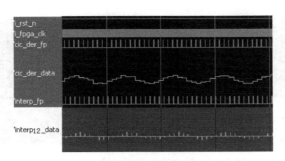

图7.63 插值模块仿真结果

号。可以看出：插值输出信号的平滑度进一步变好，波形的包络更趋近于正弦波。

3）积分器例化模块

顶层文件调用积分器例化模块的代码如下：

```
// 4 级积分器例化
cic_integrator_block u0_cic_integrator_block(
    .i_fpga_clk              ( i_fpga_clk),    //25MHz
    .i_rst_n                 ( i_rst_n),
    .i_integral_data         ( interp12_data),
    .o_integral_data         ( integral_data)
);
```

模块 cic_integrator_block 源代码同于抽取滤波器参见 7.3 节，此处不再赘述。仿真结果如图 7.64 所示。

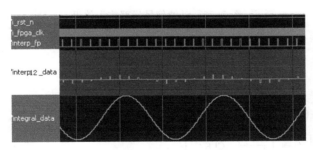

图7.64 积分仿真结果

在图 7.67 中，i_rst_n 是复位信号，i_fpga_clk 是时钟信号（频率为 25MHz），interp12_data 是插值后输出信号，interp_fp 是插值指示信号，integral_data 是积分以后输出信号。可以看出：积分以后输出信号的平滑度进一步变好，尤其是幅度变大，弥补了前面梳状滤波之后幅度衰减的问题，这是积分的结果。

7.4.3 仿真结果分析

最后对输出数据经过有效位截取，得到最终的输出波形和原始输入波形对照图如图 7.65 所示。

在图 7.65 中，i_rst_n 是复位信号，i_fpga_clk 是时钟信号（频率为 25MHz），i_cic_data 是原始输入信号，i_cic_fp 是插值指示信号，o_cic_data 是最终输出信号。可以看出，原始信

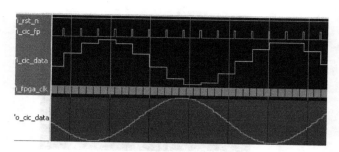

图 7.65　输出波形和原始输入波形比较

号的构成点数较少,出现明显的阶梯状,而插值处理以后输出信号的平滑度变好。

对时钟信号进行局部放大,如图 7.66 所示,可以看出,输出信号(o_cic_data)每一个数据台阶对应 1 个时钟;而原始输入信号 i_cic_data 每一个输入数据台阶对应 12 个时钟,也就是说,实现了 12 倍插值。

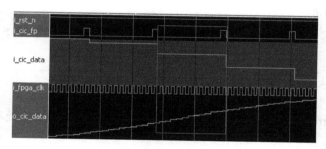

图 7.66　时钟信号局部放大效果

7-1　按照图 7.67 的思路设计三角波、锯齿波、正弦波信号发生器。

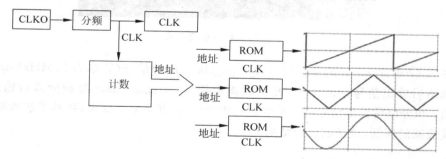

图 7.67　习题 7-1 的设计思路

7-2　改变 7.2 节快速傅里叶变换中模拟信号采样的频率和点数,将仿真结果与 7.2 节的结果进行比较,并说明原因。

第 8 章

SOPC系统设计

SOPC 指的是 System-on-a-Programmable-Chip，即可编程片上系统。用可编程逻辑技术把整个系统放到一块硅片上，称作 SOPC。可编程片上系统(SOPC)是一种特殊的嵌入式系统：首先它是片上系统(SOC)，即由单个芯片完成整个系统的主要逻辑功能；其次，它是可编程系统，具有灵活的设计方式，SOPC 系统将传统的 EDA 技术、计算机系统、嵌入式系统、DSP 等融为一体，结合了 SOC 和 PLD、FPGA 各自的优点，已经成为集成电路未来的发展方向，广泛应用到汽车、军事、航空航天、广播、测试和测量、消费类电子、无线通信、医疗、有线通信等领域。本章以 Altera 公司的 NIOS Ⅱ 软核为例，简单介绍 SOPC 技术和设计流程。

8.1　SOPC 及其技术概述

我们在之前学过单片机系统，使用过单片机调试板，可知，单片机调试板是以单片机为核心，通过外接并口与七段数码管相接；通过串口连接到下载电路；通过总线连接到 A/D、D/A 转换器等。也就是说，单片机系统是在一块 PCB 板上，通过连线，连接单片机及其外围电路。一般来说，通过 PCB 板等技术进行互连的系统在 IC 芯片之间存在连线的延时较长、PCB 板的可靠性不够、PCB 板的尺寸过大等不利因素，会对系统的整体性能造成很大的限制，一块通用的互连系统如图 8.1 所示。

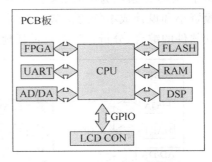

图 8.1　由 IC 在 PCB 板上互连构成的系统

这是由于 PCB 板互连系统的局限性，出现了由 SOC 构成的嵌入式系统，SOC(System-on-a-Chip)指将一个完整产品的各功能集成在一个芯片中，可以包括有 CPU、存储器、硬件加速单元(AV 处理器、DSP、浮点协处理器等)、通用 I/O(GPIO)、UART 接口和模数混合电路(放大器、比较器、A/D、D/A、射频电路、锁相环等)，甚至延伸到传感器、微机电和微光电单元。如果说中央处理器(CPU)是大脑，那么 SOC 就是包括大脑、心脏、眼睛和手的系统。如图 8.2 所示。SOC 一般是基于 ASIC(Application Specific Integrated Circuit)技术来实现的，除了使用通用处理器以外的定制系统一般都是一片 SOC 再加简单的外围电路构成，其典型代表是手机的 CPU，例如，高通公司枭龙系列处理器便是一块高度集成的"全合一"移动处理器,其在一块芯片上集成了 CPU、GPU、调制解调器、音视频处理器、摄像头控制器、屏幕控制器等许多单元电路。由于其高集成度,所以在可靠性和尺寸方面都有较大的优势,特别是大批量生产的时候,还可以有效地降低成本。

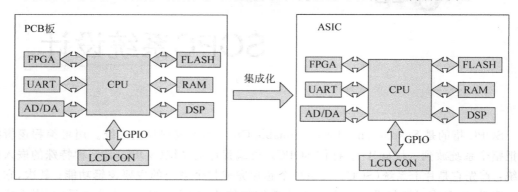

图 8.2　基于 SOC 技术的片上系统

但是 SOC 也有自身的缺点,其设计周期长、设计费用高昂、成功率不高,而且产品不能修改使得系统的灵活性差,其优势要建立在大批量生产上,这样,使得小批量生产的学术科研机构、中小企业难以承受。

SOPC 是一种灵活、高效的 SOC 解决方案。它将处理器、存储器、I/O 口、LVDS 等系统需要的功能模块集成到一个 PLD 器件上,构成一个可编程的片上系统,如图 8.3 所示。它是 PLD 与 SOC 技术融合的结果。由于它是可编程系统,具有灵活的设计方式,可裁减、可扩充、可升级,并具备软硬件可编程的功能。这种基于 PLD 可重构 SOC 的设计技术不仅保持了 SOC 以系统为中心、基于 IP 模块多层次、高度复用的特点,而且具有设计周期短、风险投资小和设计成本低的优势。相对 ASIC 定制技术来说,FPGA 是一种通用器件,通过设计软件的综合、分析、裁减,可灵活地重构所需要的嵌入式系统。

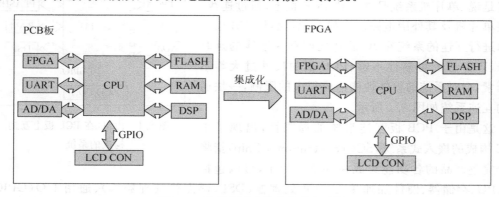

图 8.3　基于 SOPC 技术的片上系统

NIOS Ⅱ 处理器是 2004 年 Altera 公司推出的 32 位 SOPC 嵌入式处理器,其特点如下:

(1) NIOS Ⅱ 处理器采用流水线技术、单指令流的 32 位通用 RISC 处理器。

(2) 提供全 32 位的指令集、数据总线和地址总线。

(3) 提供 32 个通用寄存器。

（4）提供 32 个外部中断源。

（5）提供结果为 32 位的单指令 32×32 乘除法。

（6）提供专用指令计算结果为 64 位和 128 位的乘法。

（7）可以定制单精度浮点计算指令。

（8）对各种片内外设的访问及与片外外设和存储器的接口。

（9）硬件辅助的调试模块，在 IDE 环境下，可完成开始、停止、断点、单步执行、指令跟踪等基本调试和高级调试功能。

（10）高达 218DMIPS 的性能。

可以看出，NIOS Ⅱ 处理器拥有普通嵌入式处理器的一切特点，还能灵活地根据系统需要对各功能模块进行调整，可配置性是其最大特点，其内部结构如图 8.4 所示。

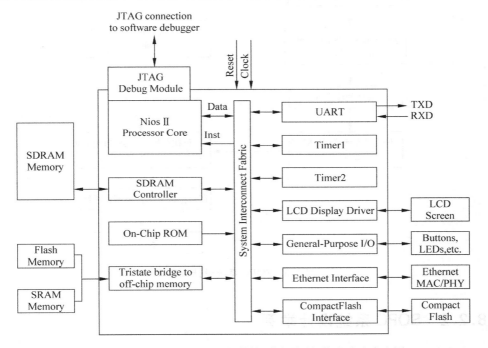

图 8.4　NIOS Ⅱ处理器的内部结构（数据资料，故未改为中文图）

8.2　基于 SOPC 的系统设计举例

8.2.1　SOPC 系统设计流程

SOPC 系统的设计流程如图 8.5 所示。SOPC 分为硬件配置和软件编程两部分。首先，根据系统的要求，通过 SOPC Builder 定制 NIOS Ⅱ 处理器、RAM、ROM 以及接口电路等；然后在 Quartus Ⅱ 中，调用 SOPC Builder 生成的 NIOS Ⅱ 处理器，在原理图编辑窗口将 NIOS Ⅱ 处理器与时钟、外围设备等器件连接起来，完成管脚分配、时序约束等工作，然后将原理图文件编译并下载配置到目标 FPGA 芯片中。完成硬件配置后，需要通过 NIOS Ⅱ

EDA 开发环境进行软件编程,新建软件系统,调用硬件配置,设置环境变量并完成软件编译,通过配置好的 FPGA 芯片进行在线调试,在符合预期要求后,生成可执行文件,再下载到目标板上完成设计。

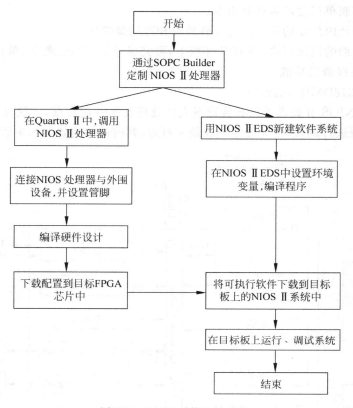

图 8.5　SOPC 系统设计流程

8.2.2　SOPC 系统设计举例

本节将实现一个由 NIOS Ⅱ 处理器编程控制的 8 位 LED 流水灯。

由 8.1 节介绍的设计流程可知,SOPC 系统设计主要分成两部分:硬件设计——在 FPGA 内部构建 SOPC 系统,这个系统包括一个 NIOS Ⅱ 嵌入式处理器、存储器、JTAG UART、8 位并口;软件设计——在 NIOS Ⅱ 集成开发环境下编写软件代码。

开发流程的具体步骤有:

(1) 在 Quartus Ⅱ 中建立工程;

(2) 用 SOPC BUILDER 建立 NIOS Ⅱ 系统模块;

(3) 在 Quartus Ⅱ 中的原理图输入方式中调入 NIOS Ⅱ 系统模块并连接外围设备;

(4) 编译工程后下载到 FPGA 中;

(5) 在 NIOS Ⅱ IDE 中根据硬件建立软件工程;

(6) 编译后,经过简单设置下载到 FPGA 中进行调试、验证。

下面就根据以上步骤进行基于 SOPC 技术的流水灯设计。

1．硬件配置

1）新建工程

启动 Quartus Ⅱ 11.0 软件，新建一个名为 flow_led 的工程文件，如图 8.6 所示。

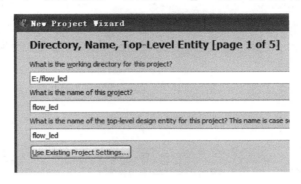

图 8.6　SOPC 系统设计流程

选择如图 8.7 所示的器件，其余步骤按默认进行，完成工程新建。

2）用 SOPC Builder 建立硬件系统

单击 Tool→SOPC Builder 命令，启动 SOPC Builder 新建系统，如图 8.8 所示，输入系统的名称 NIOS_CORE，当然也可以输入其他名称。Target HDL 选择 Verilog 选项，当然也可以选择 VHDL。单击 OK 按钮，进入到 SOPC Builder 的主界面，如图 8.9 所示。

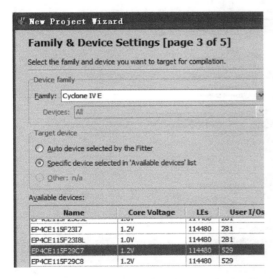

图 8.7　器件选型

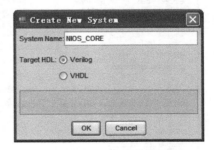

图 8.8　新建 SOPC 系统

3）向系统中添加 CPU

在 SOPC Builder 左侧的组件列表中，选择 Processors→NIOS Ⅱ Processor 选项，右击或双击，在弹出的菜单中选择 Add New NIOS Ⅱ Processor 命令，显示如图 8.10 所示的 NIOS Ⅱ 处理器的配置界面。选择 NIOS Ⅱ/s 作为本设计的处理器。

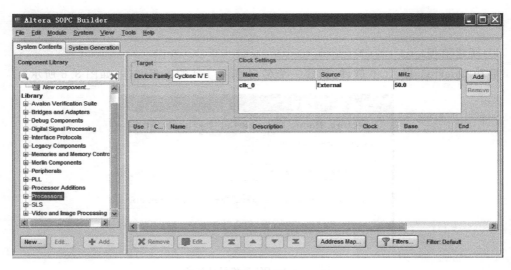

图 8.9　SOPC 系统主界面

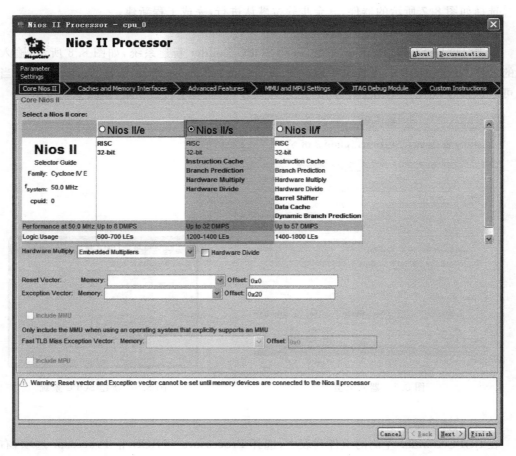

图 8.10　添加 CPU

一直单击 Next 按钮,直到添加成功,如图 8.11 所示。

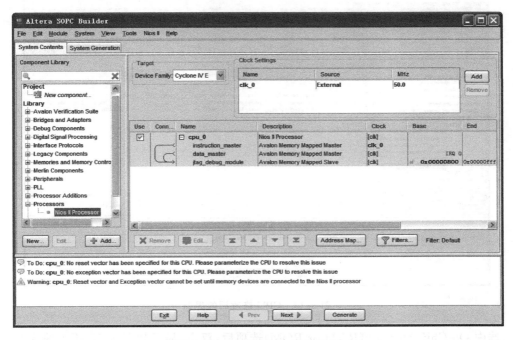

图 8.11　添加成功的 CPU 界面

由于系统只有一个软核 CPU,所以将 cpu_0 名字改为 cpu,如图 8.12 所示,修改后的界面如图 8.13 所示。

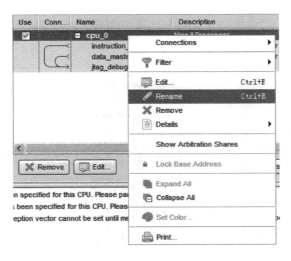

图 8.12　修改 CPU 的名字

4）向系统中添加 RAM

在 SOPC Builder 主界面左侧的组件列表 Memory and Memory Controllers 中,选择 On-Chip Memory(RAM or ROM)选项,如图 8.14 所示。

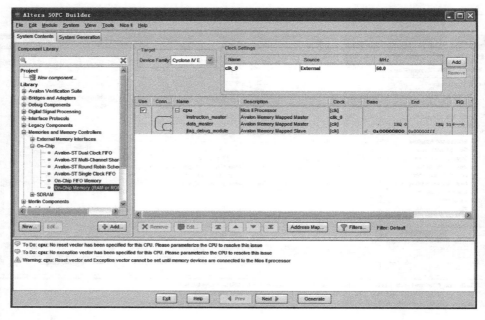

图 8.13 CPU 修改后的界面

选中 On-Chip Memory(RAM or ROM)选项后,双击,显示如图 8.15 所示的片上存储器的配置界面。选择存储类型为 RAM,存储器宽度为 32 位,总内存尺寸为 2KB。单击 Finish 按钮完成片上存储器的配置,重新命名为 onchip_ram,如图 8.16 所示。

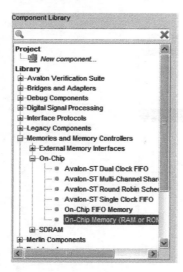

图 8.14 新建系统 RAM

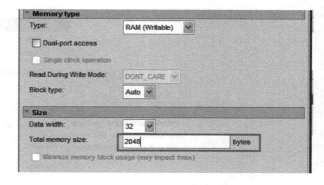

图 8.15 RAM 设置界面

5) 向系统中添加 ROM

再次选中 On-Chip Memory(RAM or ROM)选项,双击,显示如图 8.17 所示的片上存储器的配置界面。选择存储类型为 ROM,存储器宽度为 32 位,总内存尺寸为 2KB。单击 Finish 按钮完成片上存储器的配置,重新命名为 onchip_rom,如图 8.18 所示。

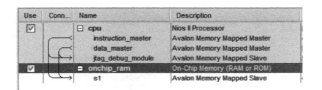

图 8.16 ram 名字修改后的界面

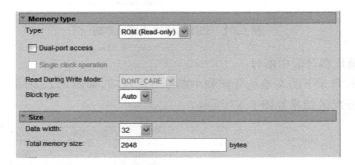

图 8.17 添加 rom 的配置界面

图 8.18 rom 名字修改后的界面

6）添加并口 LED_PIO

由于要控制 8 位流水灯,所以添加和单片机一样的 8 位并口电路,如图 8.19 所示,配置界面如图 8.20 所示,添加的并口改名叫 led_pio,如图 8.21 所示。

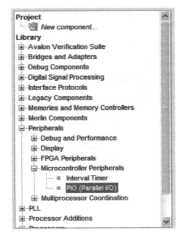

图 8.19 添加驱动 led 的并口

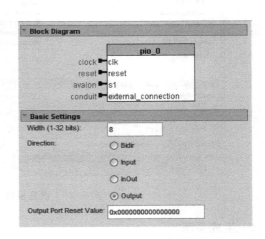

图 8.20 并口配置界面

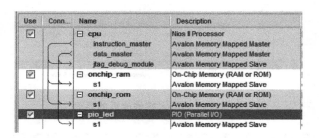

图 8.21　PIO 名字修改后的界面

7）指定基地址和分配中断号

单击 System 目录下的基地址分配和中断号分配选项,如图 8.22 所示,系统自动分配基地址和中断号,分配的结果如图 8.23 所示。

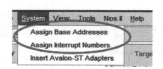

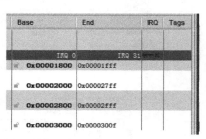

图 8.22　基地址和中断号分配　　　　图 8.23　分配后的基地址和中断号

8）设置复位矢量和外部矢量

双击 CPU 进行复位矢量和执行矢量的设置,如图 8.24 所示,其含义是:系统复位进入 ram,系统执行指令从 rom 读取。

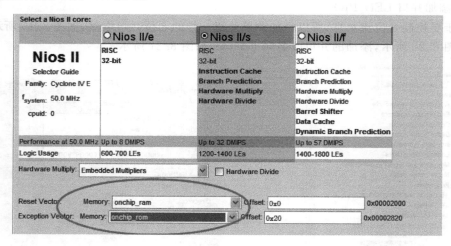

图 8.24　设置复位矢量和执行矢量

9）生成系统

选择 System Generation 选项卡,单击 Generate 按钮开始生成 NIOS Ⅱ系统,如图 8.25 所

示。根据系统规模的不同,生成系统所需要的时间也不一样。在生成系统的过程中,屏幕上会提示相关的信息,生成系统的工作完成之后,显示 system generation was successful。单击 Exit 按钮退出 SOPC Builder,返回 Quartus Ⅱ。

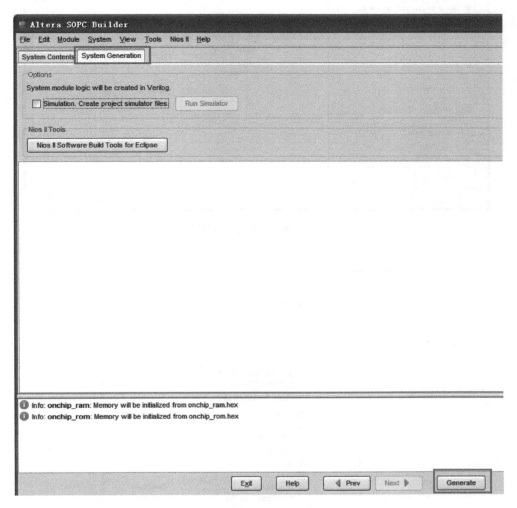

图 8.25　开始生成 SOPC 系统

10) 建立原理图输入文件

单击 File→New 命令,新建原理图文件,如图 8.26所示,单击原理图工具栏中的 符号调用生成好的NIOS_CORE 模块,如图 8.27 所示。

11) 加入输入输出管脚

将 NIOS_CORE 模块放入原理图后,右击模块,弹出快捷菜单,如图 8.28 所示,单击 Generate Pin for Symbol Ports 选项,自动生成输入输出端口,如图 8.29所示。

图 8.26　新建原理图文件

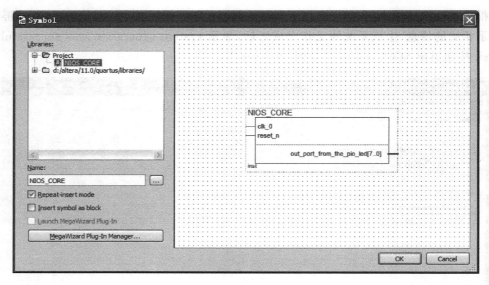

图 8.27　调用 NIOS_CORE 模块

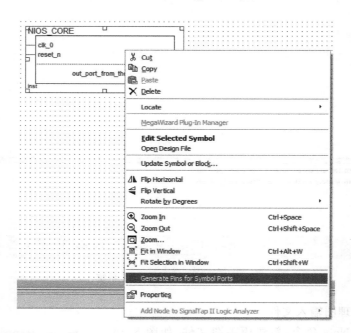

图 8.28　自动生成端口选项

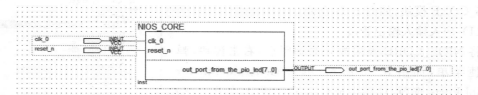

图 8.29　生成输入输出端口后的 NIOS_CORE 处理器

单击"保存"按钮,存为与工程名同名的原理图文件,如图 8.30 所示。

图 8.30　另存为文件名与工程文件同名

12) 下载配置

编译生成 SOF 文件,如图 8.31 所示,最后将 sof 下载配置到 FPGA 实验板上,如图 8.32 所示。

至此,硬件配置完毕。

图 8.31　编译成功后的界面

2. 软件配置

在 NIOS Ⅱ EDS 软件中单击 File→New→NIOS Ⅱ Application and BSP from Template 命令,启动工程向导,如图 8.33 所示,第一次会询问设置工作文件夹,如图 8.34 所示,不用理会,直接单击 OK 按钮,进入工程设置界面,如图 8.35 所示。

File	Device	Checksum	Usercode	Program/Configure
flow_led.sof	EP4CE115F29	006DD496	FFFFFFFF	☑

图 8.32　下载配置界面

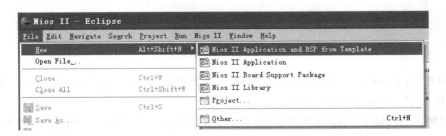

图 8.33　新建工程向导

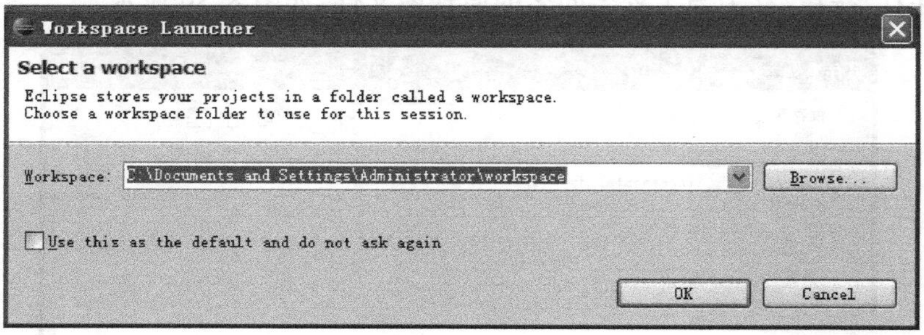

图 8.34　设置工作目录

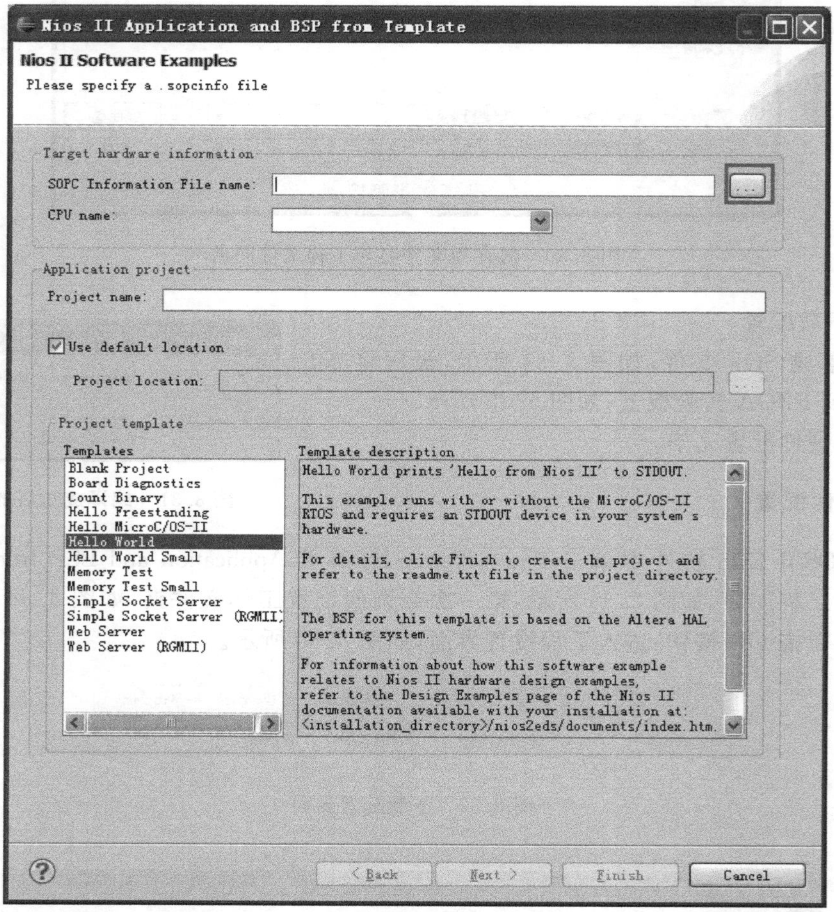

图 8.35　工程设置界面

在 SOPC information File name 文本框后单击省略号按钮,打开在 Quartus Ⅱ 中建立好的 SOPC 信息文件,如图 8.36 所示。

按照图 8.37,输入相应的工程名字,选择工程模板,单击 Finish 按钮自动生成工程,建立新工程之后的 NIOS Ⅱ IDE 的界面如图 8.38 所示。

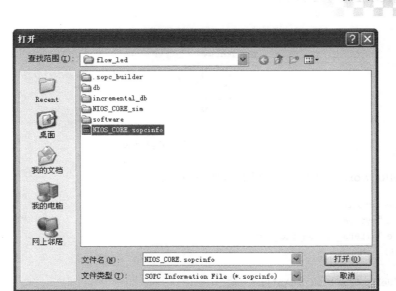

图 8.36 打开 SOPC 工程信息文件

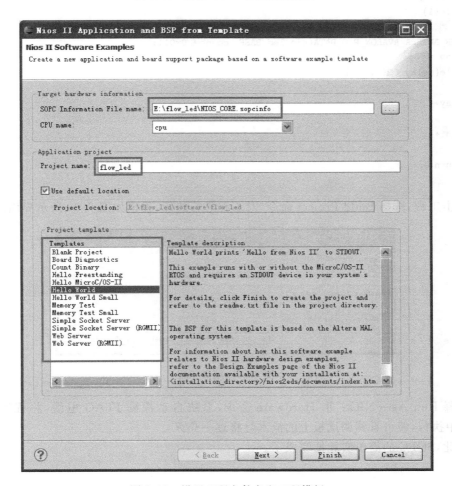

图 8.37 设置工程文件名和工程模板

图 8.38　完成后的工程目录

打开 hello_world 文件,修改源代码,如下所示:

```
# include < stdio. h>
# include "system. h"
# include "altera_avalon_pio_regs.
int main()
{
printf("Hello from NION Ⅱ !\n");
int count = 0;
int delay;
while(1)
{
IOWR_ALTERA_AVALON_PIO_DATA(pio_led_BASE, count & 0x01);
delay = 0;
while(delay < 2000000)
{
delay++;
}
count++;
}
return 0;
}
```

右击工程,选择 Build Project 命令,对工程进行编译,弹出如图 8.39 所示界面。

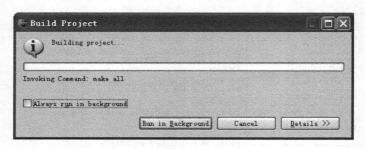

图 8.39　编译工程

选择 Run As→NIOS Ⅱ Hardware 命令,系统自动探测 JTAG 电缆,将程序下载到 SOPC 中执行,便可看到调试板上的流水灯将逐一亮灭。

至此,SOPC 的简单实验便完成了。

参 考 文 献

1. 北大 Verilog 课件. 从 HDL 到版图——数字集成电路设计入门［EB/OL］. http://bbs. elecfans. com/ forum. php? mod＝viewthread&tid＝448363&extra＝,2014.08

2. 北京理工大学 ASIC 研究所. VHDL 语言 100 例详解［M］. 北京：清华大学出版社,2001

3. 王金明. Verilog HDL 程序设计教程［EB/OL］. http://wenku. baidu. com/view/58b2841859eef8c75fbfb3d3. html,2011.12

4. verilogHDL 基础语法入门［EB/OL］. http://www. docin. com/p-118881596. html&endPro＝true, 2012.08

5. Sanir Palnitkar. Verilog HDL 数字设计与综合（第 2 版）［M］. 夏宇闻、胡燕祥、刁岚松译. 北京：电子工业出版社,2009

6. lzw505498101. FPGA［EB/OL］. http://wenku. baidu. com/view/d1c1ca6d0066f5335a81215e. html? from＝search,2014.03

7. Altera 公司. CYCLONE V FPGA & SOC［EB/OL］. https://www. altera. com. cn/products/fpga/ cyclone-series/cyclone-v/features. html,2015

8. 中国电子网. FPGA 的基本结构［EB/OL］. http://www. 21ic. com/app/eda/201401/200438. htm, 2014.01

9. 康嘉. 基于 FPGA 配置的电路系统设计［D］. 西安：西安电子科技大学,2014.01

10. emouse 思·睿；整理：FPGA 选型［EB/OL］. http://www. cnblogs. com/emouse/archive/2013/07/ 26/3217244. html,2015.07

11. 路在脚下的博客. ALTERA 的 FPGA 命名规则［EB/OL］. http://blog. sina. com. cn/s/blog_ 6dd71c3c0101dy2z. html,2012.12

12. 芦秋雁. FPGA 中边界扫描电路的设计［D］. 成都：电子科技大学,2009.04

13. w5862338. FPGA 入门资料［EB/OL］. http://wenku. baidu. com/view/861bd43f7e21af45b307a8b1. html? from＝search,2014.07

14. 夏宇闻. VERILOG 数字系统设计教程（第 2 版）［M］. 北京：北京航空航天大学出版社,2008

15. 于敦山. 数字集成电路设计入门——从 HDL 到版图［EB/OL］. http://wenku. baidu. com/link? url＝ Mb62HZ0kGIq0W3aNbJVhYXyQ5hljNKUuVuGe21MBIPYcvPHmSqb0lyE96tsTwwuBMZ94xVP3_-Q _tLSNmV-XKFCZEBZIRb5kPoHxbwcZqiS,2013.05

16. iweimo. verilogHDL（王金明版源码）［EB/OL］. http://wenku. baidu. com/view/58b2841859eef8c75fbfb3d3. html,2011.12

17. verilogHDL 基础语法入门［EB/OL］. http://www. docin. com/p-118881596. html&endPro＝true, 2012.08

18. 陈欣波. Altera FPGA 工程师成长手册［M］. 北京：清华大学出版社,2012

19. 懒兔子. FPGA 学习手记［EB/OL］. http://www. eefocus. com/nightseas/blog/12-03/242395_7df71. html,2012.03

20. 平凡的世界人. FPGA 开发流程［EB/OL］. http://blog. csdn. net/zqh6516336520/article/details/ 40505297,2014.10

21. 夏宇闻. Verilog 数字系统设计教程（第 3 版）［M］. 北京：北京航空航天大学出版社,2013

22. 潘松,黄继业,潘明. EDA 技术实用教程（第 5 版）［M］. 北京：科学出版社,2013

23. 王金明,徐志军,苏勇. EDA 技术与 Verilog HDL 设计［M］. 北京：电子工业出版社,2013

24. 让 linux 飞一会儿. Verilog HDL 之 AD 转换［EB/OL］. http://www. cnblogs. com/kongtiao/archive/2011/07/22/2113210. html,2011.8

25. 吴厚航. 深入浅出玩转 FPGA［M］. 北京：北京航空航天大学出版社,2013

26. Altera 公司上海交通大学 EDA/SOPC 联合实验室. FPGA 高级设计——时序分析和收敛［EB/OL］. http://wenku. baidu. com/link? url＝cg_YZPL-PfhD0ta48C-FxVoOT_eSpKqfH_ppl4WzraxsW7oPB-pwwN2nNWGmwzqeyyDnMsagHA7cyjYR93ANjZ_XX9bJGALS0WO0kiG31RG3,2012.01

27. 屋檐下的龙卷风. FPGA 中 I/O 时序约束分析［EB/OL］. http://wenku. baidu. com/link? url＝TOBoIHWT_k68h5z8k_Pmqr-wJMPfCy2q64yzS8hxsgTg4lMNH84YVfOCWUfvfORThs_vR9nADcCe-CgvWXXRmud46Sf39tCUYneUVpjewXwW；2012.03

28. 廖裕评,陆瑞强,友晶科技研发团队. 逻辑电路设计 DE2-115 实战宝典［M］. 台湾：友晶科技,2012.02

29. xx2007031071. Quartus 与 Modelsim 之间仿真 fft 实例演示［EB/OL］. http://wenku. baidu. com/view/e64553ff04a1b0717fd5ddaf. html? from＝search；2010.12

30. 刘树棠. 数字信号处理（MATLAB 版）［M］. 西安：西安交通大学出版社,2008

31. 张贤明. MATLAB 语言及应用案例［M］. 南京：东南大学出版社,2010

32. 杨小牛. 软件无线电原理与应用［M］. 北京：电子工业出版社,2001

33. 崔文. 基于 FPGA 的数字上下变频器的研究与实现［D］. 西安：西安电子科技大学,2006

34. 阿飞. 基于 Matlab FPGA Verilog 的 CIC 滤波器的设计［EB/OL］. http://blog. sina. com. cn/s/blog_66c807290101amvw. html；2012.10

35. 江国强. SOPC 技术与应用［M］. 北京：机械工业出版社,2006

36. 侯建军. SOPC 技术基础教程［M］. 北京：清华大学出版社,2008